ÉTUDE GÉOLOGIQUE

DES

COLLINES TERTIAIRES

DU DÉPARTEMENT DU NORD

COMPARÉES AVEC CELLES DE LA BELGIQUE

PAR

MM. J. ORTLIEB & E. CHELLONNEIX.

PRIX WICAR

DÉCERNÉ AU CONCOURS DE 1868, PAR LA SOCIÉTÉ DES SCIENCES,
DE L'AGRICULTURE ET DES ARTS DE LILLE.

LILLE

QUARRÉ, LIBRAIRE,   CASTIAUX, LIBRAIRE,
Grand'Place, 61.   Grand'Place, 13

1870.

ÉTUDE GÉOLOGIQUE

DES COLLINES TERTIAIRES

DU DÉPARTEMENT DU NORD

COMPARÉES AVEC CELLES DE LA BELGIQUE.

LILLE — IMPRIMERIE L. DANEL.

ÉTUDE GÉOLOGIQUE

DES

COLLINES TERTIAIRES

DU DÉPARTEMENT DU NORD

COMPARÉES AVEC CELLES DE LA BELGIQUE

PAR

MM. J. ORTLIEB & E. CHELLONNEIX.

———

PRIX WICAR

DÉCERNÉ AU CONCOURS DE 1868, PAR LA SOCIÉTÉ DES SCIENCES,
DE L'AGRICULTURE ET DES ARTS, DE LILLE.

———

LILLE,

QUARRÉ, LIBRAIRE,   CASTIAUX, LIBRAIRE,
Grand'Place, 64.   Grand'Place, 13.

1870.

1871

ÉTUDE GÉOLOGIQUE

DES

COLLINES TERTIAIRES

DU DÉPARTEMENT DU NORD

COMPARÉES AVEC CELLES DE LA BELGIQUE

PAR

MM. ORTLIEB et CHELLONNEIX [1].

AVANT-PROPOS.

Le titre que porte cet opuscule est celui d'une question mise au concours par la Société impériale des Sciences, de Lille.

Comme on le verra plus loin, par la mention des travaux antérieurs se rattachant, à des degrés divers, au même sujet, les bases générales de cette étude étaient déjà posées ; mais, entre les collines principales du département et les hauteurs de Bruxelles, sur lesquelles nous possédions déjà divers documents, il restait encore un certain nombre de monts à décrire et à relier aux nôtres, tels que ceux des environs d'Ypres : le mont Rouge,

[1] Extrait des Mémoires de la Société impériale des Sciences, de l'Agriculture et des Arts, de Lille, année 1870, 3e série, VIIIe volume.

Dans sa séance du 14 décembre 1869, la Société a décerné le *Prix Wicar* à MM. Ortlieb et Chellonneix et a décidé que leur travail serait inséré dans le Recueil de ses Mémoires.

le mont Aigu, Kemmel, puis la petite chaîne des environs de Renaix, le mont Saint-Aubert, Grammont, etc.

Malgré l'accueil excessivement bienveillant que la Société des sciences a bien voulu faire à cet essai, nous ne nous dissimulons pas ce qu'il peut présenter de défectueux et d'incomplet; nous nous efforcerons par de nouvelles recherches de remédier ultérieurement à ces défauts.

Quant au plan suivi, il nous a paru nécessaire, pour rester dans les termes du programme tracé, de présenter tout d'abord un ensemble de descriptions, aussi complètes que possible, de chacune des collines des deux pays. Cet ordre occasionne forcément des redites et apporte une certaine monotonie dans notre exposé; il eût été possible d'éviter cet écueil, en prenant chaque assise une à une et en la suivant sur tout son prolongement, mais cette dernière méthode eût présenté certainement un autre inconvénient : celui de disperser les indications relatives à la structure de chacun des monts.

Afin de relier ensuite et de comparer entr'eux les différents groupes successivement décrits, nous avons résumé à la fin de l'ouvrage les rapprochements et les différences constatées dans la composition minéralogique, la faune et le développement de chaque assise.

Avant d'entrer en matière, nous nous faisons un devoir d'offrir ici l'hommage de notre reconnaissance à notre cher et excellent professeur, M. Gosselet, à qui nous sommes redevables des notions que nous avons pu recueillir en géologie, et de présenter nos vifs remerciements à M. Nyst, directeur de la section des sciences à l'Académie Royale de Bruxelles, qui a bien voulu s'occuper de la détermination d'une partie de nos fossiles, puis à M. de la Vallée, professeur à l'Université de Louvain et à M. Fischer, naturaliste au Museum de Paris, pour les renseignements utiles que ces messieurs ont eu l'obligeance de nous communiquer.

INTRODUCTION.

Notre département forme, à l'extrémité nord-ouest du territoire français, une bande longue de 175 kilomètres environ,
resserrée surtout vers sa partie centrale, où elle se réduit, entre
Armentières et La Bassée, à 20 kilomètres de largeur.

Au point de vue géologique, les terrains qu'on y rencontre se
relient intimement au sol de la Belgique, qui en forme la limite
du nord à l'est, en même temps qu'ils se rattachent, au sud et
à l'ouest, à ceux du Pas-de-Calais et du bassin de Paris.

Dans le département, les terrains tertiaires occupent à peu de
chose près le territoire de notre ancienne province de la Flandre
française ; au-delà de la frontière, ils se développent dans les
provinces belges qui nous avoisinent et surtout dans les Flandres,
le Brabant, le Limbourg et une partie du Hainaut. Dans toute
cette contrée, ils constituent un pays de plaines par excellence,
où les accidents de terrains sont rares et peu importants relativement à son étendue. Ces inégalités du sol se bornent à quelques
séries de collines, tantôt réunies par petits groupes, tantôt
séparées les unes des autres par des distances assez grandes,
mais toujours reliées par certains rapports de composition intéressants à constater ; elles dominent des vallées larges et peu
profondes, où coulent des rivières, à pente peu sensible dans la
partie relativement élevée de la plaine et presque nulle dans le
voisinage de la côte.

La configuration de toute cette contrée, à la fin de l'époque
secondaire, était bien différente de celle qu'elle affecte aujour-
d'hui.

Si l'on consulte, en effet, les altitudes actuelles des terrains
primaires et crétacés qui circonscrivent à l'est, au sud et au sud-

ouest nos dépôts tertiaires, leurs plongements souvent très-brusques sous ces derniers et les indications nombreuses fournies par les sondages, on voit le relief de cette région accuser souterrainement des bas-fonds considérables et un aspect relativement très-accidenté [1] :

Ainsi, à l'est, les plateaux de l'Ardenne, au pied desquels s'étaient arrêtés les flots de la mer crétacée, constituaient, comme aujourd'hui, à l'horizon, une puissante barrière.

Au-dessous d'eux, les dépôts secondaires du pays de Herve, les massifs primaires du Brabant et du Hainaut, entre lesquels s'étendait l'ancien golfe de Mons, offraient un relief moins élevé, séparé au sud par un petit détroit du plateau crétacé de Lille et des escarpements de l'Artois, qui se prolongeaient alors jusqu'au-delà de Douvres, sur la côte anglaise.

Aux plaines actuelles de cette région et au bras de mer du détroit correspondait donc un ensemble de dépressions embrassant tout l'espace où se trouvent aujourd'hui les villes de Londres, Hazebrouck, Bailleul, Ypres, Gand, Bruxelles...

Une autre dépression beaucoup plus étroite et surtout moins profonde se creusait au sud-est de la passe entre Lille et Tournai: Dans cet espace sont assises aujourd'hui les villes d'Orchies, Douai, Valenciennes et Mons.

C'est au sud de ce point que se trouvait le passage qui, aux premiers temps de l'époque tertiaire (époque Landénienne), établissait une communication entre le bassin du Nord et celui de Paris, suivant la ligne de Cambrai, St-Quentin et Laon.

Telle était, en somme, indiquée à grands traits, la configuration du *grand Bassin Anglo-Flamand*, au moment où les premiers dépôts tertiaires ont commencé à s'y constituer.

---

[1] Nous avons figuré le relief du département à la fin de l'époque crétacée Ce modèle se trouve actuellement dans les galeries du musée de Lille.

Jetons un coup-d'œil rapide sur les documents antérieurs relatifs à la géologie de la contrée.

Les collines de la Flandre maritime ont été visitées vers la fin du siècle dernier par Monnet, lorsque, avec Guettard et Lavoisier, il tenta la première carte géologique de France ; nous n'avons pas pu nous renseigner exactement sur l'importance de ces observations.

M. Elie de Beaumont a, le premier, fait remarquer la liaison des couches à *Cerithium giganteum* de Cassel avec le calcaire grossier de Paris.

Après cet éminent géologue, M. d'Archiac a publié dans les mémoires de la société géologique de France, t. X, 1re série (1839), une note sur la coordination des terrains tertiaires du nord de la France, de la Belgique et de l'Angleterre ; il y est déjà fait mention des rapports généraux qui existent entre différentes zones de nos terrains et les couches du bassin de Paris.

Plus tard, les collines des environs d'Hazebrouck ont été étudiées et décrites (de 1847 à 1852) avec quelques détails, par M. Meugy, alors ingénieur des mines dans le département. *(Essai de Géologie pratique sur la Flandre française)*.

En 1852, sir Charles Lyell a publié, dans les *Transactions de la société géologique de Londres*, un mémoire sur les terrains tertiaires de la Belgique et de la Flandre française, dans lequel la description de nos monts tient une plus grande place.

Ce travail traite principalement de la comparaison de ces terrains avec ceux de Londres et de Paris.

M. Gosselet a publié, en 1867, un programme de la description géologique du département, établissant les bases principales d'une classification à la fois minéralogique et paléontologique du sol de cette région.

Enfin, en ce qui concerne la Belgique, il est presque superflu de dire que nous avons consulté les travaux de Dumont, de M. d'Omalius d'Halloy, de M. Dewalque, et les notices de MM. Hébert et Le Hon, sur la concordance de certaines couches de l'Eocène moyen à Paris et à Bruxelles.

PREMIÈRE PARTIE.

OBSERVATIONS GÉNÉRALES SUR LES ASSISES TERTIAIRES INFÉRIEURES SERVANT DE BASE AUX COLLINES DES DEUX PAYS.

Avant d'aborder la description des collines proprement dites, nous croyons utile d'indiquer sommairement la nature des sédiments tertiaires formant le sous-sol de notre terrain d'étude.

Ces assises se présentent dans le département du Nord avec les mêmes caractères qu'en Belgique, où Dumont les a classées, en 1839, de la manière suivante :

SYSTÈME YPRÉSIEN.

Partie supérieure : Sables généralement à grains fins.
Partie inférieure : Argile.

SYSTÈME LANDÉNIEN.

Partie supérieure : Fluvio-marin ; sables et grès, lignites, etc.
Partie inférieure : Tuffeau, poudingue, etc.

Ces deux divisions correspondent à notre terrain Eocène inférieur.

Commençons par la dernière.

COUPE DE TOURCOING A LILLE

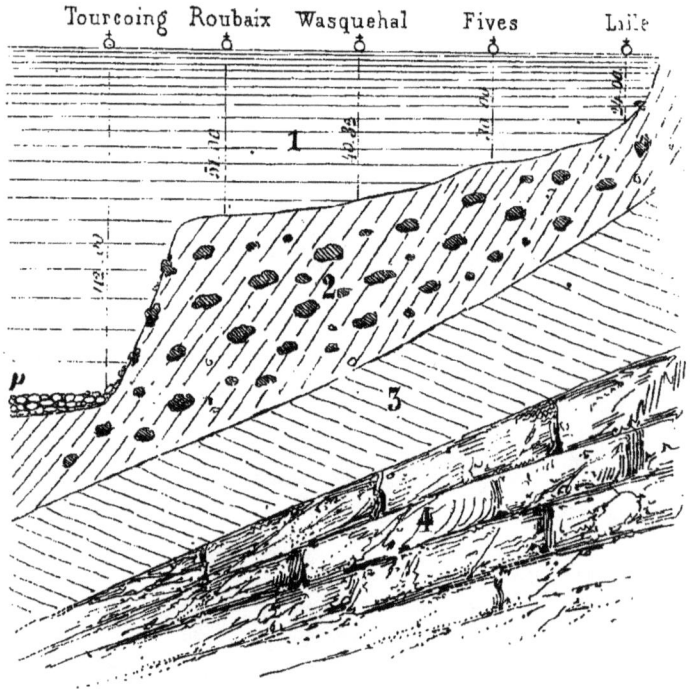

Tourcoing   Roubaix   Wasquehal   Fives   Lille

1 .... Terrain .... tertiaire : ..... *Eocène inférieur*.
2-3   d°   .... secondaire: ..... *Crétacé supérieur*
4 ._   d°   ...primaire : : ..... *Calcaire carbonifère*

Nota. *2 (Craie blanche à Silex) présentant un escarpement entre Tourcoing et Roubaix. A la base de cette falaise en P se rencontre un poudingue de silex arrachés à la craie par les flots de la mer tertiaire.*

Lith Boldoduc fr. L.

TERRAIN EOCÈNE INFÉRIEUR.

§ I. — ASSISE LANDÉNIENNE

(Système Landénien de Dumont).

A. — 1re Sous-Assise ; Landénien inférieur.

Les couches tertiaires du bassin Franco-Belge, comme on l'a fait observer il y a longtemps, s'échelonnent presque régulièrement du sud ou nord selon leur ordre d'ancienneté ; cette disposition est surtout frappante, quand on examine la succession de ces terrains, dans notre pays, sur une assez grande surface.

La nature variée des anciens rivages, disposés tantôt en plages à pente plus ou moins douce, tantôt en falaises battues et minées par les flots, a contribué dès l'abord à la formation de couches minéralogiquement différentes, mais qui, au point de vue géologique, sont parallèles, et peuvent passer de l'une à l'autre, selon les lieux et les circonstances spéciales qui ont présidé à la sédimentation [1]. Les roches qui constituent la sous-assise landénienne inférieure sont d'origine marine. Elles commencent par des cailloux roulés ou du pondingue glauconifère suivi de psammites, dont la glauconie disparaît graduellement et qui passent à l'argilite, au tuffeau et à la marne. *Sa composition.*

Cette sous-assise est très-étendue en Flandre, où elle est en *Son étendue.*

---

[1] L'existence souterraine d'une de ces puissantes falaises crétacées a été constatée dans une excursion dirigée par M. Gosselet au puits de Dorignies, près Douai.

Nous en avons retrouvé une autre à peu de distance de Lille, en comparant les données de quelques forages exécutés entre Lille et Tourcoing ; voir la planche ci-contre.

même temps très-profonde. On la voit sur le pourtour du massif crétacé de Lille, au sud du département dans le Cambrésis, dans l'Aisne et dans le Hainaut. Elle n'est pas connue entre la Sambre et la Meuse, ni dans l'Ardenne. En Belgique, elle forme aujourd'hui deux massifs principaux : celui de la Hesbaye, qui comprend le territoire situé entre Tirlemont, St-Trond et Fox-les-Caves, et celui du Hainaut qui, par Mons et Tournai, se relie au département du Nord.

Caractères minéralogiques. Conglomérat à silex.

On observe le conglomérat à silex : à Bavay, le Quesnoy, Solesmes, Landrecies, Nouvion, au sud de Valenciennes, en un mot : partout où la craie sous-jacente est elle-même riche en silex, et sur le pourtour du cap primaire où la craie a été dénudée. Des silex corrodés, remaniés, mais non roulés, attestent aujourd'hui dans ces parages l'ancienne existence des couches aujourd'hui disparues.

Tuffeau.

Le tuffeau est une roche dure, argilo-calcaire, remplie de grains de glauconie. Il se voit à Somain, à l'est de Valenciennes, au sud de Cambrai et de Douai, où il porte le nom de *Turc*, de *Ciel de Marne*. Quand il devient très-sableux, il prend le nom de *Rougeon*.

Cette zone existe également à St-Omer et à Tournai. On y rencontre, dans cette dernière localité, les fossiles ci-après :

Pleurotomaria concava ?	*Panopæa intermedia.* Sow.
Pinna.	*Arca.*
Lyonsia plicata ?	*Ostrea canaliculata.*
Cytherea obliqua. Desh.	*Ostea lateralis.* Nills.
Astarte inæquilateralis. Nyst.	*Pecten.*
Pectunculus.	*Pholadomya Koninckii.* Nyst.

Cette dernière espèce, ainsi que la *Modiola subcarinata*, se trouve également à Lincent et à Angre.

Cette assise est représentée à Lille, par un sable argileux **Sables et grès.**
grisâtre contenant beaucoup de débris de craie (Boulevard de
l'Impératrice, sous la tourbe). Les travaux récents de la porte
de Gand ont fait découvrir, dans les fossés des fortifications, un
banc assez dur rempli de moules de *Cyrena Morisii*, que l'on a
également rencontrées à Douai, dans les mêmes circonstances.
M. Meugy cite, près de Carvin, une carrière aujourd'hui comblée
dans laquelle un banc semblable renfermait des fossiles des
genres : *Cyprina — Turitella — Ostrea — Arca*; ce banc s'étend
jusqu'à Phalempin.

Pendant l'établissement des nouvelles fortifications de la ville, **Argile.**
on pouvait encore observer en différents points, dans les ravinements à la surface de la craie, des veines d'argile verte ou
noirâtre que l'on doit rapporter à cette sous-assise. Il en est de
même d'une argile plus ou moins marneuse que l'on voit autour
de Mons-en-Pévèle, du côté de Marchienne et de Templeuve.

En Belgique, le massif de Landen et de Tirlemont est surtout **Caractères paléontologiques**
connu par le tuffeau de Lincent, qui renferme un certain nombre
de fossiles dont la plupart sont communs avec ceux déjà cités de
Tournai.

Voici la liste des principales espèces :

Scalaria Dumontiana. Nyst.	*Cytherea obliqua.* Desh.
Pholadomya Koninckii. Nyst.	*Astarte inæquilatera.* Nyst.
Panopæa intermedia? Sow.	*Crassatella Landinensis.* Nys.
Leda Lyelliana. Nyst.	*Arca crassatina.* Lk.
Etc., etc.	

L'inspection de cette liste y fait reconnaître plusieurs des **Equivalents étrangers.**
espèces qui caractérisent les sables de Bracheux, du bassin de
Paris et du Thanet Sand, de l'Angleterre.

B. — 2ᵉ Sous-Assise ; Landénien supérieur.

Cette sous-assise est composée de sables plus ou moins argileux et glauconifères, de sable quartzeux purs et blancs, de grès, d'argile plastique et de lignite.

Son étendue. Cet ensemble constitue déjà dans notre département plusieurs collines plus ou moins élevées, isolées ou rattachées entre elles par de faibles ondulations du sol. Les collines de Bourlon près de Cambrai, de Montigny près de Douai, les sablières de l'Empenpont et de Fives, ainsi que les contre-forts de la colline de Mons-en-Pévèle, du côté de Carvin et de Leforest, à Ostricourt surtout, en sont des exemples.

Caractères minéralogiques. Sables. De vastes sablières sont ouvertes dans ces dernières localités pour les constructions de Lille, aujourd'hui si actives, par suite de l'agrandissement considérable de l'enceinte de la ville. L'importance et l'utilité de ces matériaux ont déterminé M. Gosselet à désigner cet horizon sous le nom de *Sables d'Ostricourt*.

Grès. Aux environs de Douai, de Valenciennes et de Solesmes, ces sables renferment, à leur partie supérieure, des bancs irréguliers de grès siliceux concrétionnés, qui sont exploités et taillés sur place, et que l'on emploie depuis longtemps pour pavés, bordures et trottoirs, soubassements d'édifices, etc.

Dans un certain nombre de localités, ces grès sont à l'état remanié, à la surface du sable et empâtés dans le limon, comme à Artres, ou en nodules brisés mêlés avec des silex à nummulites, ainsi que cela se voit à Bourlon. Les bancs de grès en place sont visibles près de Douai et de Cambrai, d'où ils s'étendent jusque vers la Sambre.

Le prolongement de cette assise en Belgique est exploité à Mons, près du cimetière. Il constitue les premiers contreforts (côté sud-ouest) du mont de la Trinité et on le voit encore affleurer sur la route, entre ce mont et la ville de Tournai.

Enfin, cette zone fournit encore d'immenses quantités de sable et de pavés dans le massif de la Hesbaye.

On rencontre parfois dans cet horizon de l'argile plastique, grise, noire et rouge, en couches subordonnées au milieu des sables : à Englefontaine (canton du Quesnoy), par exemple, à Beaurain et à Viesly (canton de Solesmes) et dans le bois de Bourlon ; elle y est exploitée pour faire des pannes, des carreaux, etc. *Argile.*

Enfin, ces sables renferment quelquefois des veines ou de petits amas de lignites pyriteux, comme à l'Empenpont, près de Lille, à Montigny, près de Douai. On n'en a pas découvert jusqu'ici de giscments importants dans notre département [1], mais ils ont donné lieu, en divers points du bassin de Paris, à une fabrication considérable de sulfate de fer et d'alun, notamment près de Soissons et de Laon. *Lignites.*

Dans le département cette sous-assise supérieure n'a pas encore fourni de fossiles. *Caractères paléontologiques*

Nous avons remarqué cependant, sur quelques grès déjà taillés, des empreintes végétales que leur mauvais état de conservation ne permet pas de déterminer.

M. Dewalque [2] a cité à ce niveau les espèces suivantes, rencontrées les unes dans le Hainaut, par M. l'ingénieur Toilliez, les autres par lui-même dans les déblais d'un puits artésien creusé à Ostende. Ces espèces sont :

1° Dans le Hainaut : *Melania buccinoïdea.* Fer. (*Melanopsis fusiformis*, Sow.) ; *Turritella*, voisine de *fasciata*, *Cerithium* voisin de l'*unisulcatum ;*

2° A Ostende : *Malania inquinata*, Defr.; *Cerithium variabile ?* Desh.; *Cyrena antiqua*, Fer.; *Ostrea parnacensis*, Desh.

---

1 Les lignites que l'on exploite aux environs de Maubeuge, rangés par M. Meugy dans l'Eocène inférieur, ont été reconnus depuis par M. Gosselet comme appartenant au terrain crétacé moyen, étage du Gault.

2 *Note sur quelques fossiles eocènes de la Belgique*, par M. Dewalque. — Bulletin de l'Académie royale de Belgique, 2ᵉ série, t. xv.

Ces fossiles comptent parmi les plus caractéristiques de l'étage des lignites et se trouvent abondamment à ce niveau dans l'Aisne.

Equivalents
étrangers.

Ainsi se trouve confirmé le rapprochement que Dumont avait fait de cet étage avec celui des lignites du Soissonnais. En Angleterre, il a pour équivalent les couches de Wolwich et de Reading.

Puissance
du système
Landénien.

D'après M. Meugy, l'épaisseur maximum de ces deux sous-étages réunis atteint environ 55 mètres dans la Flandre française, et sa surface, en négligeant le terrain diluvien, est d'environ 32,600 hectares dans les arrondissements de Lille et de Douai.

Calcaire
de Heers.

Les assises landéniennes sont dans le département les couches éocènes les plus anciennes qui y aient été reconnues. Il n'en est pas de même en Belgique où l'on connaît à Heers près St-Trond, dans la Hesbaye, un dépôt de calcaire argileux, placé entre les assises dont il vient d'être question et la craie de Maestricht. M. Dewalque y a trouvé une flore particulière formée de plantes dicotylédones, telles que chêne, châtaignier, etc. D'autre part, M. Hébert y a remarqué une *Panopœa* et un *Mytilus* associés à la *Pholadomya cunéata*, et cette dernière est caractéristique des sables de Bracheux. Selon M. Dewalque, cette formation dont l'épaisseur peut être évaluée à une vingtaine de mètres, est postérieure à la dénudation du terrain crétacé.

Calcaire grossier
de Mons.

Enfin, une découverte récente de MM. Cornet et Briart a fait connaître, aux environs de Mons, un lambeau de calcaire inférieur à nos assises les plus anciennes et offrant toutefois une faune précurseur de celle du calcaire grossier de Paris : il porte, en Belgique, le nom de calcaire grossier de Mons.

Cette assise est formée de bancs massifs, blanc-jaunâtre, de peu de consistance, qui présentent assez d'analogie avec le tuffeau de Maestricht et de Ciply. Elle atteint une épaisseur de 93^m et recouvre ordinairement la craie blanche, quelquefois la craie maestrichienne, et supporte les sables verts inférieurs de la série landénienne. MM. Cornet et Briart y ont recueilli plus de 350 espèces de fossiles, dont les plus communes sont :

Buccinum stromboïdes.	*Cerithium nodulare.*
Ancillaria buccinoïdes.	*Corbula Lamarki.*
Voluta spinosa.	*Ostrea angusta*, etc.

On avait d'abord cru pouvoir identifier un bon nombre d'espèces provenant de ce gisement avec des formes de l'Eocène moyen de Paris, et on les avait considérées comme une colonie de calcaire grossier. Cependant, d'un examen plus attentif, il est résulté que 6 espèces seulement se retrouvent dans ce dernier étage, tandis que les autres sont simplement très-rapprochées d'autres types qui s'y rencontrent également.

M. Dewalque voit dans ces faits (*Prodrome d'une description géologique de la Belgique*) un remarquable exemple d'une faune, qui a vécu en Belgique longtemps avant l'époque où elle reparaît dans le calcaire grossier de Paris, représentée à Mons par quelques espèces identiques et un grand nombre d'autres extrêmement voisines.

Peut-on espérer de rencontrer les assises de Heers et de Mons dans notre département? Nous ne le savons pas. Les golfes tertiaires d'Orchies et d'Hazebrouck surtout, sont très-profonds et peu de sondages les ont encore traversés complétement. De ce fait, il résulte, d'une part, qu'à cette profondeur de grandes

Conjecturés sur la présence des calcaires de Heers et de Mons dans le département du Nord.

surfaces sont encore inexplorées et que l'on n'a aucun indice qui permette de conjecturer avec une certitude suffisante, si à cette époque, notre territoire était un fond de mer où des dépôts analogues auraient pu se constituer, ou s'il faisait partie d'un continent.

D'autre part, on connaît les remarquables dénudations qui ont eu lieu entre les dépôts crétacés et tertiaires; leur date précise est encore incertaine; M. Dewalque, toutefois, la place, avec une grande apparence de vérité, après les dépôts de Heers et avant ceux de la série landénienne; leur effet, en tous cas, a été si grandiose, que notre raison ne se refuse nullement à l'idée que les assises tertiaires nouvellement découvertes ont subi, en en bien des points, le même sort que les zones supérieures crétacées, sur lesquelles elles reposaient, et dont la destruction, à cette époque, ne fait plus de doute pour personne.

§ II. — ASSISE YPRÉSIENNE.
(Système Yprésien; Dumont).

A. — Sous-Assise inférieure; Argile des Flandres.

Autour de la colline de Mons-en-Pévèle, on voit les sables d'Ostricourt supportant une assise d'argile plastique, gris-bleuâtre ou brunâtre, feuilletée à la base, et compacte vers le haut. C'est l'argile d'Ypres de M. d'Omalius d'Halloy, ou la partie inférieure du système yprésien de Dumont.

Sa puissance et son étendue. Cette sous-assise constitue une masse argileuse puissante, affleurant dans le département sur une surface de 30,000 hectares (M. Meugy), et constituant le sous-sol de toutes les prairies de la Flandre française, d'où elle passe dans les Flandres belges, dans le Brabant jusqu'à Bruxelles et dans le Hainaut jusqu'à Mons, mesurant ainsi 15 myriamètres dans sa plus grande longueur de l'est à l'ouest, et 7 myriamètres dans la direction du nord au sud, entre Bruges et Leuze.

Cet abondant dépôt de glaise a eu pour résultat de combler les bas-fonds, dans une proportion telle, que la dépression d'Hazebrouck, profonde de plus de 100ᵐ, est aujourd'hui nivelée.

Les dénudations diluviennes ont rompu en plusieurs lambeaux la continuité que cet horizon d'argile présentait jadis, et ses vestiges les plus importants forment le petit massif situé au sud de Merville et d'Estaires — celui d'Aubers et de Beaucamp — celui de Tourcoing et de Roubaix — la petite éminence à l'est de la Madeleine près de Lille et enfin la plaine d'Orchies.

Cette argile est aussi remarquable par sa masse que par son homogénéité. On y a cependant signalé, comme ayant été rencontrés dans quelques soudages, des nodules de calcaire blanchâtre connus sous le nom de *septaria*. On les trouve fort rarement, soit à la surface du sol, soit dans les exploitations ; cependant nous avons été assez heureux pour en découvrir, à Watten, d'assez volumineux.

Caractères minéralogiques. Septaria.

A Wahagnies, à Leforest, à Phalempin etc., on y remarque des cristaux isolés de gypse trapézien. Dans ces localités, on voit l'argile tachée de rouille, dont l'origine est due à des grains pyriteux disséminés dans la masse. Le sulfure de fer, en se décomposant lentement dans un milieu légèrement calcaire, a donné naissance à ces taches ainsi qu'aux cristaux de sulfate de chaux ; ces derniers sont tantôt libres, tantôt maclés, et généralement d'une grande régularité.

Gypse.

L'argile présente encore quelquefois du fer carbonaté en lits minces ou en rognons, mais jamais en quantité suffisante pour être exploité. (Aubers, Fives, Pérenchies, etc.).

Fer carbonaté.

Enfin, dans un forage pratiqué à Bailleul en 1830, par M. Flachat, on a rencontré au milieu de l'argile, à une profondeur de 66ᵐ, un banc de silex roulés.

Lit de silex roulés.

Un fait semblable a été observé à Hazebrouck (Féculerie Houvenaghel) où, sous 31ᵐ d'argile, on a traversé un banc semblable de 0ᵐ27 d'épaisseur, reposant encore sur 67ᵐ d'argile bleue, minéralogiquement identique à la partie supérieure.

Usages de l'argile Cette roche est imperméable à l'eau et jouit de propriétés plastiques qui la font utiliser pour la fabrication des poteries. On l'exploite à cet effet dans différentes localités des cantons de Hondschoote, de Wormhoudt, d'Armentières, de la Bassée, à Hazebrouck, Merville, Steenwoorde, Cysoing, Lannoy, Fives, Mérignies, Phalempin, Wahagnies, etc. etc.

Elle est aussi éminement onctueuse et délayable; cette qualité la fait employer pour le foulage de la laine.

Caractères paléontologiques L'argile d'Ypres renferme-t-elle des fossiles? M. Lyell [1] dit explicitement : *Jusqu'à présent on ne paraît pas encore avoir découvert de fossiles dans l'argile yprésienne, ni dans la Flandre française, ni en Belgique.*

M. Flachat, en parlant du puits de Bailleul, dont il a déjà été question, cite dans cette argile deux lits de fossiles, sans indication de genres ni d'espèces, l'un de 1ᵐ67, à la profondeur de 30ᵐ66, l'autre plus profond de 2ᵐ et dont la puissance est de 6ᵐ33. Ces bancs sont supérieurs au lit de silex roulés qui traverse la masse argileuse.

M. Meugy, en 1852, en rendant compte du puits creusé dans l'atelier à vapeur de M. Delahousse-Delobel, au hameau de la Roussel (commune de Roucq), dit : *On remarque dans la glaise bleue les mêmes fossiles que dans les bancs durs de 2ᵐ d'épaisseur, savoir : Ostrea, Cardium, Lucina, Turritella, Nummulites planulata, etc.*

[1] Mémoire sur les terrains tertiaires de la Belgique et de la Flandre française, chap. vii, t. vii des Transactions géologiques de Londres.

En 1867, M. Gosselet, dans son programme d'une description géologique et minéralogique du département du Nord, fait cette mention : *Assise de l'argile d'Ypres, Fossiles : Néant.*

L'année suivante, M. Dewalque [1] s'exprime ainsi : *Les seuls fossiles connus jusqu'à présent dans cet étage sont des foraminifères,* et il en donne la liste. Remarquons que la *Nummulites planulata* n'y figure pas.

Dans le courant de la même année, nous avons présenté à la Société des Sciences de Lille, une note sur la constitution géologique du mont de la ferme Masure, près de Roubaix. Nous avons recueilli dans ce gisement plusieurs espèces de crustacés (*une langouste indéterminée.* — *Xanthopsis Leachii et un autre Xanthopsis encore indéterminé*). Or, ces crustacés provenaient tous de l'argile et on les retrouve dans certains niveaux du London Clay.

Enfin, tout récemment, nous avons trouvé à Comines dans cette même argile, mise au jour par suite de travaux effectués sur les bords de la Lys, dans les dépendances de la fabrique de produits chimiques de M. Tessié du Motay, plusieurs exemplaires d'*Ostrea flabellula* de petite taille, quelques *Turritelles* grandes et petites, une *Natica* et quelques traces que l'on pourrait attribuer peut-être à des foraminifères comme ceux que l'on indique dans l'argile de Londres. Nous n'y avons pas vu de nummulites.

Citons encore dans cette assise un *Xanthopsis* recueilli près d'Orchies et déposé au musée de Valenciennes.

On peut donc répondre affirmativement à la question que nous nous sommes posée : l'argile d'Ypres renferme des fossiles, au moins dans certains niveaux qu'il est encore difficile de bien préciser actuellement. *Différentes zones probables dans l'argile.*

Essayons cependant de le faire ici.

[1] Prodrome d'une description géologique de la Belgique.

Puits de la station de Cassel

Un puits a été creusé dans l'argile à la station de Cassel, à plus de 100^m de profondeur; les produits de l'extraction, examinés par M. Lyell, n'ont présenté aucune trace organique.

Tranchée de Hollebecke.

Au pied d'une côte située sur le territoire d'Hollebecke près

Coupe prise à la hauteur du pont.

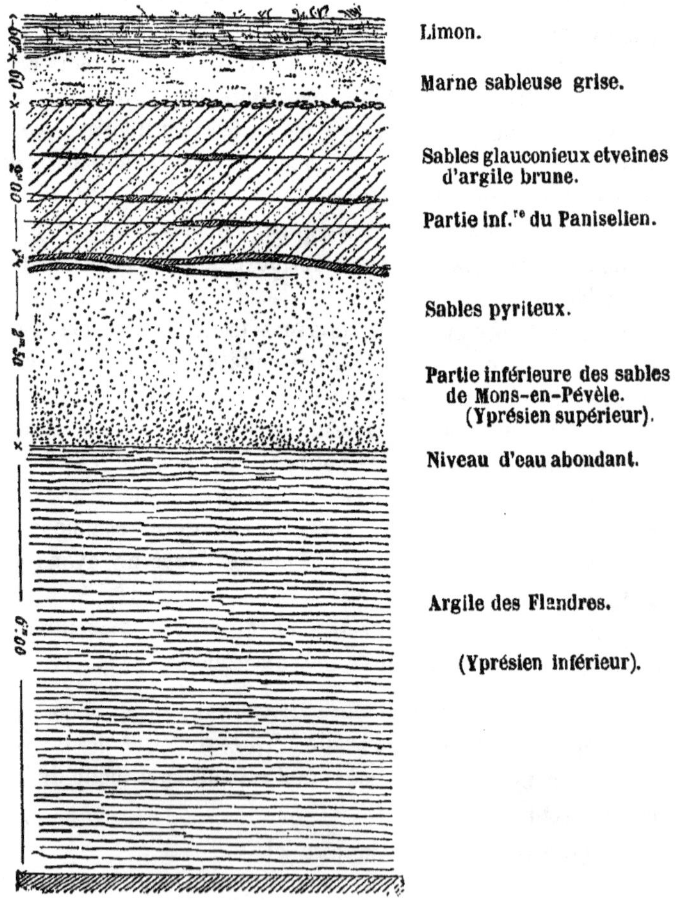
0m60
0m60
2m00
2m50
6m00
Limon.
Marne sableuse grise.
Sables glauconieux et veines d'argile brune.
Partie inf.re du Paniselien.
Sables pyriteux.
Partie inférieure des sables de Mons-en-Pévèle.
(Yprésien supérieur).
Niveau d'eau abondant.
Argile des Flandres.
(Yprésien inférieur).

Figure 2.

d'Ypres, nous avons visité, en septembre dernier, une vaste tranchée longue de plus d'un kilomètre sur une profondeur de 50 mètres environ. (Tracé du nouveau canal de Comines à Ypres). *(fig. 2.)*

L'argile des Flandres, qui tient une si grande place dans la constitution du sol de cette contrée, y est d'une homogénéité frappante, et bien que nous l'ayons suivie sur un long parcours, nous n'y avons trouvé aucune trace de fossiles[1].

Dans le puits déjà cité, foré par M. Flachat à Bailleul, les fossiles ont été rencontrés dans la partie supérieure de l'argile, au-*dessus du lit de silex roulés.*

Puits de Bailleul

Les fossiles du mont de la Masure proviennent du même niveau. Il en est encore de même de ceux de Comines et du crustacé d'Orchies.

Canal de Roubaix.

Enfin, il existe peut-être dans l'argile un niveau tout-à-fait supérieur qui renferme les *Nummulites planulata*, à Courtrai (Lyell), et à Roncq (Meugy).

Cette zone se relierait à la sous-assise supérieure (sables de Mons-en-Pévèle) par la présence de Nummulites.

La partie moyenne de l'argile, bien qu'elle soit dépourvue de ce petit foraminifère, s'y rattache probablement par les fossiles ci-après : l'*Ostrea flabellula*, variété très-petite, *Turritella, Natica,* etc.

1 Cette coupe présente encore un autre intérêt. Elle offre, d'une part, la superposition à l'argile de la partie inférieure des sables de Mons-en-Pévèle, sans fossiles (Yprésien supérieur de Dumont) et, par dessus cette dernière, la base des sables de l'assise de la glauconie du mont Panisel (système Pani-sélien de Dumont).

Nous aurons l'occasion de parler plus loin avec plus de détails de ces deux assises (Mons-en-Pévèle, mont Saint-Aubert, mont Panisel, etc.). Ces superpositions nous ont paru intéressantes à constater dès-à-présent, parce qu'elles sont rarement visibles en d'autres points de la contrée.

Limites
des deux argiles.

Ênfin , la limite entre ces deux assises d'argile, minéralogiquement si semblables , paraît être le lit de *silex roulés* des
forages de Bailleul et d'Hazebrouck. Cette division donnerait
une trentaine de mètres à la partie supérieure fossilifère et une
profondeur très-grande à l'argile d'Ypres proprement dite.

Equivalents
étrangers.

Cet ensemble correspondrait au Bagshot Sand inférieur des
Anglais et aux sables à Nummulites de la montagne de Laon.

En admettant les distinctions précédentes , la partie inférieure
de cette grande masse argileuse, entièrement dépourvue de
fossiles, constituerait l'assise inférieure ou argile d'Ypres proprement dite , qui correspond au London Clay et à l'argile de
Bognor du Hampshire.

MM. Lyell et Meugy pensent que cette assise manque à Paris;
il n'est cependant pas encore prouvé que sa partie inférieure
soit dépourvue de rapport avec le bassin de Paris.

B. — Sous-Assise supérieure ; sables de Mons-en-Pévèle.

Cette sous-assise entrant déjà dans le cadre de nos collines
se trouve traitée dans les chapitres suivants.

RÉSUMÉ.

Tableau résumé
des assises
de l'Eocène
inférieur.

Tel est l'ensemble des terrains tertiaires qui forment la base
des principaux monts compris dans la présente étude.

Nous terminerons cette première partie par un tableau de rac-
cordement des assises de l'Eocène inférieur dans le département
du Nord avec celles qui leur sont équivalentes dans les contrées voisines.

ASSISES.	LOCALITÉS	ÉQUIVALENTS ÉTRANGERS.		
DÉPARTEMENT DU NORD.	D'OBSERVATION.	BELGIQUE.	BASSIN DE PARIS.	ANGLETERRE.
Sables à *Nummulites P.anulata*	Mons-en-Pèvèle, Mont de la Trinité, etc............			Grès d'Emsworth, près Chichester.
Argile à *Nummulites Planulata*	Courtrai, Mons....... .	Yprésien sup'.	Sables de Guise.	
Argile à *Crustacés, Ostrea flabellula*......	Roubaix, Comines, Orchies, forages de Bailleul et Hazebrouck			Sables de Bagshot, Argile de Boguor.
LIT DE SILEX ROULÉS.			Semble manquer dans le Bassin de Paris.	Argile de Londres.
Argile sans fossile...........	Bailleul, Hazebrouck, Ypres	Yprésien inf'.		
Sable quartzeux......	Fives , Ostricourt , Montigny, etc	Landénien sup'.	Sables et grès inférieurs.	
Argile plastique.............	Bourlon.................		Argile à lignites	
Lignites.	L'Empempont			Plastic clay.
Tuffeau à *Pholadomya Koninkii*......	Tournai, Saint-Omer.....	Landénien inf'.	Sables de Bracheux.	
Grès sableux à *Cyrena Morrisii.*	Lille, Carvin, Douai. ...			
Conglomérat à silex..........	Valenciennes....			
Inconnu.	....	Heersien.		Inconnu.
Inconnu.	................•............	Montien.	Inconnu.	Inconnu.

DEUXIÈME PARTIE.

COMPOSITION DES COLLINES TERTIAIRES DU DÉPARTEMENT ET DE LA BELGIQUE.

Disposition des collines dans cette région. Considérées dans leur ensemble et dans leur orientation générale, les principales collines tertiaires de la Belgique et du département peuvent se diviser en plusieurs groupes, savoir :

1° Celui des Flandres, formant une chaîne peu interrompue, s'étendant en ligne droite de l'est à l'ouest, depuis la limite du Pas-de-Calais jusqu'à Bruxelles.

Il comprend les hauteurs ci-après : Watten, Cassel, Mont des Chats, Boëschepe, le Mont Noir, le Mont Rouge, le Mont Aigu, Kemmel, la branche nord du massif de Renaix (Audenarde) et Bruxelles.

2° Le groupe de Mons-en-Pévèle et du mont de la Trinité se reliant par Frasnes et Grammont à l'extrémité est de la ligne précédente.

Ces deux lignes de direction forment entr'elles un angle aigu d'environ 33°.

3° Le mont Panisel, qui peut être considéré comme placé sur un dernier rayon, au sud des hauteurs de Bruxelles.

Au-delà de ce dernier point, où se raccordent les directions précédentes, le premier groupe (celui des Flandres), se prolonge jusqu'à Louvain et se relie aux plateaux d'Hasselt et aux éminences sableuses de la Campine. (Voir pl. II).

Ordre suivi dans leur description. Les collines du département occupent, comme on peut le remarquer sur la carte, l'extrémité ouest de ces lignes. Elles se trouvent en effet sur un des rivages du grand bassin franco-belge, dans les deux anciens golfes que sépare le promontoire crétacé de Lille, golfes que M. Meugy, se renfermant dans les limites exclusives du département, a qualifiés dans son ouvrage du nom de : Bassins d'Hazebrouck et d'Orchies. L'expression de golfe nous semble plus juste, nous l'emploierons de préférence dans la suite de cet exposé.

Nous allons aborder tout d'abord les formations inférieures, en restant autant que possible dans les limites de notre territoire.

SECTION I.

GOLFE D'ORCHIES.

Les bords de ce golfe, compris tout entier dans les limites du département, sont constitués principalement par un tuffeau ou une argile marneuse, puis par des sables avec grès ou de l'argile plastique : c'est-à-dire par différentes zones de l'assise landénienne, dont il a été question dans la première partie de ce mémoire (chap. I, § A et B); ces bords sont très-étroits vers le nord, où ils s'appuient sur les redressements du cap crétacé qui en forme de ce côté la limite; mais leurs affleurements se développent davantage au sud et au sud-est, où leurs ramifications s'étendent, d'un côté : à la surface des terrains primaires vers Le Cateau, Landrecies et Maubeuge, et de l'autre : aux environs de Douai, Bouchain et Cambrai, au milieu du prolongement des dépôts secondaires de l'Artois.

Nature des sédiments que l'on y rencontre.

Dans la partie centrale du golfe, les couches inférieures qui viennent d'être sommairement indiquées sont recouvertes, partout où elles existent, par une masse d'argile continue, mais qui affleure rarement; on la rencontre toutefois à peu de distance de la surface du sol dans une partie des cantons de Cysoing, Pont-à-Marcq et Orchies.

Cette argile forme la base de la colline de Mons-en-Pévèle, comme elle constitue le pied de la petite chaîne de monts qui traversent l'arrondissement d'Hazebrouck; cette circonstance nous l'a fait choisir comme point de départ, pour nos observations.

CHAPITRE I.

MONS-EN-PÉVÈLE.

Situation
de ce mont.

Ce mont est situé dans le canton de Pont-à-Marq, à 5 kilomètres environ de cette petite localité. C'est la seule éminence un peu importante, comme altitude, qui existe dans l'arrondissement de Lille. De notre chef-lieu, l'accès en est facile, en empruntant la voie ferrée jusqu'à Carvin; voyons, à partir de ce point ce que les approches du mont peuvent offrir d'intéressant à constater.

Disposition
et nature du sol
aux environs
de
Mons-en-Pévèle.

De la gare de Carvin, en se dirigeant vers le nord-est, on atteint en très-peu de temps le hameau de Libercourt, puis le village de Wahagnies, situé déjà sur un pli de terrain un peu élevé au-dessus de la plaine environnante. De légères ondulations se succèdent ainsi à courte distance jusqu'au pied du mont; elles sont constituées par des sables et par l'argile des Flandres, ce que l'on peut vérifier à Wahagnies même et dans ses alentours. (Voir pl. III).

On remarque en effet, en avant de ce village, sur le côté gauche de la route, à quelques pas, sous le couvert d'un petit bois : une exploitation de sable voisine d'une auberge à l'enseigne de la *Clef des Champs*.

Cette carrière permet de voir sous le limon une couche de 15 à 20 c. d'argile feuilletée, d'un gris bleu ou brunâtre, superposée à 3 ou 4^m d'un sable quartzeux, grisâtre, à grains assez gros, un peu mélangé de glauconie [1] et prenant une teinte verdâtre dans sa partie inférieure, où il est imprégné d'eau.

Sable inférieur.

Ce sable est employé pour l'entretien des routes et les constructions, mais l'exploitation s'arrête toujours au niveau

[1] Silicate de fer et de potasse, de couleur vert-noirâtre, devenant d'un jaune ferrugineux par altération.

aquifère, parce que, nous a-t-on dit, cette dernière couche
conserve très-longtemps son humidité. Cette particularité, dont
nous avons recherché la cause, s'explique peut-être par la présence d'un peu de chlorure de calcium que l'analyse nous a fait
reconnaître dans cette zone inférieure.

L'argile, que l'on voit ici en lit mince à la base du limon, y
est peut-être remaniée, mais on la retrouve mieux développée à
courte distance, avec le même sable et en situation plus nette.

Au-delà de l'église de Wahagnies, en effet, se présente au
sud du village, et sur le prolongement de la petite côte où sont
groupées les habitations, une fabrique de pannes et de tuyaux de
drainage appartenant au sieur Beaupré; on y exploite en même
temps l'argile et le sable précédents.

En ce point le sol est entamé sur une assez grande surface; *Argile de Wahagnies.*
le limon y est presque nul. Du côté nord de l'excavation nous
avons relevé la coupe suivante :

Limon et terre arable . . . . 0^{m}20

Argile feuilletée gris-bleuâtre, tachée de brun par suite
d'altération, contenant quelques petits cristaux de
gypse . . . . 1^{m}50

Lit ondulé d'argile remaniée, mêlée de sable et de quelques lignes irrégulières de petits silex arrondis. . . . 0^{m}50

Sable quartzeux grisâtre, semblable à celui de la carrière
précédente. . . . . 2^{m}50

Même sable très-humide verdâtre, partie visible . . . . 1^{m}00

Le côté sud de la carrière offrait, quand nous l'avons examiné,
les mêmes détails, avec une couche d'argile moins épaisse.

Nous croyons pouvoir dès à présent établir la superposition
de l'argile de Wahagnies aux sables quartzeux gris et verdâtres,
sans fossiles, qui viennent d'être décrits. Ces sables sont les
mêmes que ceux exploités près de là, à Ostricourt, où ils sont,

comme on l'a dit, très-développés. Comme matériaux utiles, ils constituent parmi les subdivisions de l'éocène inférieur une des sous-assises les plus importantes du département : on y puise environ les 9/10 des sables employés dans le pays.

Avant de nous éloigner de ce gisement signalons-y, contre le bâtiment affecté aux travaux, deux puits avec revêtements en briques, situés à 4ᵐ environ l'un de l'autre. Dans l'un le niveau d'eau apparaît à un mètre du sol, dans l'autre il descend à cinq mètres.

L'explication de ce fait, bizarre en apparence, est facile : dans le premier forage, on n'a pas dépassé le niveau inférieur de l'argile : dans l'autre, on a entamé l'assise sableuse et l'on a dû le continuer jusqu'à ce que l'on ait rencontré une nouvelle couche imperméable, capable de retenir les eaux d'infiltration.

Dans le trajet effectué jusqu'ici, depuis Carvin, le terrain s'est insensiblement exhaussé : Wahagnies est déjà à la côte 66ᵐ, c'est-à-dire à 22ᵐ au-dessus de la plaine environnante ; à partir de Thumeries commence la côte plus importante qui forme la base proprement dite de Mons-en-Pévèle.

Au sortir de cette dernière localité, on voit encore l'argile de Wahagnies, sur la gauche de la route, affleurer dans les fossés qui bordent un bouquet de bois ; bientôt on traverse la Marque, petite rivière, encore à l'état de ruisseau, qui prend sa source à un kilomètre de là, à la base du mont, au petit hameau de la Peterie et l'on se trouve en vue de la colline.

Une briqueterie, installée à quelques pas des habitations les plus avancées du hameau de Deux-Villes, disséminées sur les premières pentes, mérite que l'on s'y arrête quelques instants.

Les entailles faites dans le limon y ont mis à découvert une petite couche de gravier renfermant quelques fossiles remaniés : *Ostrea*, *Nummulites*, dents de poissons, puis un sable légèrement argileux, gris-verdâtre, assez fin, dans lequel on remarque quelques *Nummulites planulata* libres et des moules calcaires de *Turritelles.* Nous avons fait creuser cette couche à la profondeur de 0ᵐ80 et nous n'avons pas vu varier ces caractères autrement que par la présence plus rare des fossiles précités.

Au même niveau, à la base de la route, se montre un dernier affleurement de l'argile suivie jusques-là depuis Wahagnies.

La superposition des sables fossilifères à l'argile est donc visible en ce point ; la couche sableuse, en effet, se trouve ici évidemment dans une faible dépression de l'argile et constitue la partie la plus inférieure de l'assise nummulitique qui se développe, comme on va le voir, d'une façon très-large sur la hauteur. Base du mont.
—
Superposition
des sables de
Mons-en-Pévèle
à l'argile.

En ce point, on peut évaluer à 30ᵐ environ l'élévation du terrain parcouru depuis la carrière de Beaupré et à 30ᵐ encore celle qui reste à franchir pour atteindre le sommet du mont. Ces données serviront à estimer plus loin l'importance relative des couches superposées.

A quelques pas de la dernière station que l'on vient de faire, le chemin, bordé de deux talus, pénètre immédiatement dans la zone sableuse à laquelle la colline doit son caractère le plus saillant.

Dans le talus de droite, en face de l'auberge du sieur De Buisson, on peut voir, sous :

1ᵐ50 de limon, caractérisé à sa base par quelques débris de plaques calcaires entièrement formées de nummulites, en mélange avec des cailloux roulés ;

2ᵐ00 sable gris-verdâtre, contenant quelques parcelles de mica, très-fin, excessivement doux au toucher et contenant à profusion la *Nummulites planulata,* à l'état libre.

Les principaux caractères physiques de ce sable sont sa douceur et sa finesse extrême, ajoutons que, cependant, examiné avec un faible microscope, il présente un mélange de grains de Caractères
minéralogiques
de ces sables.
Fossile
caractéristique.

quartz, quelques-uns arrondis, mais la plupart anguleux, et des parcelles assez nombreuses de grains de glauconie, d'où il tire sa teinte verdâtre. Il est généralement très-fin dans le département, sauf, peut-être, à Cassel et en quelques autres localités au-delà de la frontière.

Une de ses autres particularités est de contenir abondamment, *dans certaines zones*, la Nummulite déjà désignée. La présence de ce petit foraminifère est d'une importance spéciale pour le classement de cette assise. Il caractérise dans le bassin de Paris la partie la plus élevée de l'éocène inférieur (Etage *Suessonien* de d'Orbigny); sa valeur est la même dans le nord de la France et en Belgique, et peut-être arrivera-t-on à lui trouver la même signification dans le bassin tertiaire de Londres[1].

A mesure que l'on approche du sommet du mont, on voit les sables dont venons de parler s'étendre d'une manière continue, tantôt en zones très-pures, tantôt un peu mélangés avec le limon sableux qui les recouvre la plupart du temps.

Description du plateau qui forme la partie supérieure du mont.

Parvenu sur le plateau, dont la forme est un peu elliptique, on se trouve amplement récompensé de quelque fatigue par le riant panorama que l'œil peut embrasser à l'horizon, de quelque côté que l'on se tourne; en voici quelques détails:

Au sud-est, sur un petit mamelon un peu inférieur: les habitations pittoresquement groupées de Mons-en-Pévèle; à l'ouest, au premier plan: les pentes douces de la colline s'étageant en gradins insensibles et décrivant à sa base un arc de cercle qui indique légèrement les contours de la petite vallée de la Marque,

---

1 Sir Ch. Lyell, dans une note jointe à son Mémoire sur les terrains tertiaires de la Belgique et de la Flandre française, en indique la présence en Angleterre, à Emsworth, près de Chichester, où elle a été désignée sous le nom de *Nummulites elegans*. Cet auteur semble disposé à admettre qu'il existe aussi dans son pays des couches caractérisées par le même fossile et probablement placées au même niveau

au second plan : la ligne vigoureuse de la forêt de Carvin et à l'horizon : la crête des monts de l'Artois.

La pente est plus rapide au nord-est, notamment vers le hameau de Martin-Val; une coupe intéressante se présente de ce côté sur la route qui descend de Mons-en-Pévèle à Mérignies, au point où cette voie se bifurque; le talus qui la borde sur la droite est formé d'une masse sableuse de 4 à 5^m d'élévation et d'une longueur de 25 à 30^m; on y remarque à son extrémité inférieure, sous :

Argile en lits subordonnés dons les sables à Nummulites planulata. Route de Mons- en-Pevèle à Mérignies.

1^{m}00 sable fin, très-doux, gris-verdâtre, dans lequel sont disséminés des fragments de calcaire nummulitique, tantôt solide, tantôt friable et des nummulites à l'état libre;

1^{m}00 argile brunâtre schistoïde, disposée en zone ondulée sur une longueur de quelques mètres;

3^{m}00 sable semblable au précédent, où la nummulite est assez rare.

Cette argile se rencontre de la même façon, à l'état de veines ou de petites lentilles intercalées dans les sables, en divers points du mont; M. Meugy l'a signalée dans l'ancienne carrière, dite du Pas-Roland, située au sud, sous le village; la nummulite y est très-commune encore, mais la végétation recouvre aujourd'hui toutes les pentes de cette excavation, pittoresquement disposée en véritable cirque, et ne permet pas d'y effectuer des recherches suivies.

Carrière du Pas-Roland.

Quant au calcaire nummulitique, on en trouve des fragments de différents volumes sur tous les points : dans les cultures, sur le plateau et dans les chemins qui serpentent autour du coteau; il consiste en aggrégations légèrement sableuses de ce fossile qui fournit à lui seul tout le calcaire de la roche. Certains échantillons offrent en outre l'empreinte de quelques *turritelles* et un *dentalium*.

Calcaire nummulitique.

Ce calcaire se trouve dans les sables à l'état de rognons ou de bancs interrompus mais parfois assez volumineux, que l'on met à découvert dans les travaux des champs ou lors des fouilles accidentelles. Des blocs, qui atteignent un mètre de longueur sur 15 à 30 c. d'épaisseur, sont employés sur place, comme bordures de trottoirs, ou utilisés comme dalles dans les habitations.

Carrières situées sur la route de Leforest.

—

Argile de Wahagnies, avec cristaux de gypse et sables d'Ostricourt.

Sur la route de Leforest, au sud de Mons-en-Pévèle, on peut encore explorer quelques carrières où l'on revoit l'argile de Wahagnies et les sables d'Ostricourt. Cette route traverse le village de Moncheaux, posé sur un petit mamelon de forme allongée dont ces exploitations font connaître parfaitement la nature ; on les rencontre un peu en avant de cette commune, dans un petit chemin de terre aboutissant sur la droite à la grande route ; un moulin placé à peu de distance peut servir à cet égard de point de repère.

Dans la carrière la plus importante, nous avons noté ce qui suit, sous la terre végétale :

1° 3^{m}50 argile plastique, gris-bleuâtre, feuilletée et schisteuse, avec cristaux de gypse très-abondants ;

2° 3 à 4^m sable quartzeux, blanc, blanc-verdâtre, à la base, sans fossiles.

Le sable est ici blanc comme à Ostricourt, et les cristaux de gypse mieux développés que précédemment.

Résumé.

Cette petite série d'explorations suffit à donner, de ce côté du bassin, un aperçu de la composition d'une partie de ses assises ; résumons les données qui viennent d'être recueillies :

Nous avons constaté, à partir de la base des terrains :

1° Une zone de sables, tantôt blancs, tantôt grisâtres, quartzeux, sans fossiles, épaisseur évaluée à . . . . 17^m

Sables d'Ostricourt.

Report . . . . 17^m	
2° Une zone d'argile grise ou gris-bleuâtre, devenant brune par altération, avec cristaux de gypse, épaisseur évaluée, de Wahagnies au pied du mont . . . 30^m	*Argile de Wahagnies.*
3° Une 2e zone de sables, fins, très-doux, caractérisés par la présence en certaines couches de la *Nummulites planulata*, à l'état libre ou en roches, formant la partie supérieure du mont, épaisseur . . . . 30^m	*Sables de Mons-en-Pévèle.*

Nous aurons pour la hauteur du mont au-dessus de la plaine un total de . . . . 77^m [1]

La position relative de ces couches nous semble bien démontrée ; essayons de leur assigner la place qui leur appartient dans la série de nos Terrains :

Les sables à *Nummulites planulata* constituent l'assise la plus élevée de l'éocène inférieur dans nos contrées ; leur grand développement à Mons-en-Pévèle permet de les désigner sous le nom de cette localité. Ils correspondent aux sables du Soissonnais, qui présentent la même Nummulite dans des conditions identiques : en parcourant les environs de Laon et de Soissons nous avons vu, en effet, sous le calcaire grossier, les sables à *Nummulites planulata* superposés à l'argile à lignites (Laon, Soissons, Urcel, Monempteuil, etc.).

Relation de ces couches avec une partie de celles qui constituent l'Éocène inférieur dans le bassin de Paris.

Quant à l'argile de Wahagnies, comme on l'a dit dans les observations préliminaires, elle ne nous semble pas nettement représentée dans le bassin de Paris.

1 Si l'on voulait continuer cette coupe, on trouverait sous les sables d'Ostricourt, le tuffeau, etc. (Landénien inférieur), sur une épaisseur de 80^m, puis la craie. Le tuffeau est visible, en certains points, dans les fossés du bois de Carvin.

Les sables d'Ostricourt et les couches landéniennes en général occupent une position tout-à-fait parallèle à celle des argiles à lignites et des sables de Bracheux.

Nous pouvons donc établir théoriquement la structure du Mont selon la figure ci-dessous :

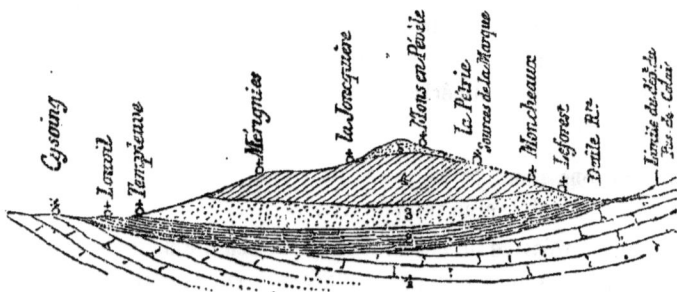

Fig. 3.

5 Sables de Mons-en-Pévèle à *Nummulites planulata*.

4 Argile des Flandres.

3 Sables d'Ostricourt.

2 Argile et Tuffeau.

1 Terrain crétacé.

Fossiles recueillis dans les sables de Mons-en-Pévèle. Nous avons recueilli dans les sables à nummulites les quelques fossiles ci-après, assez rares, sauf les trois premiers :

Nummulites planulata, Brug. c. c.

Turritella edita, Lamk.

Dentalium Deshayesianum, Galeot. c.

Lima, voisine de l'*obliqua*, Lamk.

Cardita elegans ? Lamk.

Cytherea, suessoniensis, Desh.

CHAPITRE II.

MONT SAINT-AUBERT OU DE LA TRINITÉ.

(Voir pl. IV).

Cette colline est située sur le territoire Belge, à proximité de la frontière, à 5 kilomètres environ au nord de Tournay. Sa situation

Son altitude est de 146^m, c'est-à-dire supérieure de 39^m à celle de Mons-en-Pévèle. On y retrouve les couches qui forment la base de ce dernier mont, disposées dans le même ordre, savoir : Ses relations
avec
Mons-en-Pévèle
et avec le bassin
d'Hazebrouck.

Les sables d'Ostricourt (Landénien supérieur de Dumont),

L'argile des Flandres (Yprésien inférieur, id.)

Les sables à *Nummulites planulata* (Yprésien supérieur id.)

et par dessus cette dernière assise : quelques terrains nouveaux, propres à donner déjà un aperçu plus complet des formations qui constituent la base de la plupart des collines de l'arrondissement d'Hazebrouck[1].

Si, avant de se diriger vers la colline, on jette un coup d'œil sur la nature des terrains qui se développent du côté opposé de Tournay, on y remarque d'autres couches se reliant à celles dont on vient de parler et qui en achèvent la série : Tuffeau
de Cherq.

Ainsi, au faubourg de Cherq, dans l'une des nombreuses carrières où l'on exploite le calcaire carbonifère, le minérai de fer et la marne crétacée (carrière Ducornet, par exemple), on peut voir le tuffeau landénien à *Pholadomya Koninckii*, le plus inférieur de nos dépôts tertiaires, et à peu de distance de là,

---

[1] Ces motifs nous portent à sortir pour un instant des limites du département. La situation de ce mont, à l'entrée du golfe d'Orchies, permet d'ailleurs de rapprocher son étude de celle du précédent.

des sables glauconieux que l'on doit rapporter à l'assise des sables d'Ostricourt.

Sables
d'Ostricourt
Revenons à la colline : nous allons l'explorer successivement à l'ouest, au nord, au sud et vers l'est.

Supposons d'abord que l'on se dirige de la station de Templeuve vers le mont, par le village de Kain (côté ouest). En sortant de cette petite localité, on ne tarde pas à rencontrer les premiers contreforts de la hauteur, formant des côtes aplaties, couronnées par les moulins d'*Ormant* et *Barbissart*. Ces petites éminences sont constituées par du sable quartzeux, assez fin, dans lequel on reconnaît l'équivalent des sables d'Ostricourt (landénien supérieur de Dumont). Ce sable plus ou moins glauconieux s'étend jusqu'au hameau de la Folie ; il est partout visible à la surface des champs, mêlé à des galets de silex roulés et à des fragments de grès pliocènes constituant un diluvium clair semé et non recouvert de limon.

Ce dernier dépôt apparaît surtout dans le fond des petits ravins et notamment aux approches du hameau déjà cité : là, un talus du chemin présente, en stratification discordante, les deux limons (4^m) reposant sur le sable landénien, qui à ce niveau devient déjà plus argileux.

Un puits creusé au-dessus de la route, près d'une petite ferme, laisse apercevoir le niveau de l'eau à 15^m de profondeur, ce qui donne une hauteur égale pour l'épaisseur du sable.

Argile
des Flandres.
A quelque distance vers le nord, près le Bois du Long Pré, se montre, à la lisière d'un bois, un petit coin de prairie marécageuse où affleure l'argile d'Ypres, peu épaisse de ce côté.

Sables de
Mons-en-Pévèle.
A quelques pas plus loin, derrière la ferme du Châtelet, on parvient, au sortir du bois, au fond d'un ravin creusé en forme d'un entonnoir (point A de la carte), dont les parois offrent du côté du mont, des inclinaisons de 50° environ. Ce pittoresque accident de terrain, dû probablement à la facilité d'érosion que

présente la nature sableuse des couches à *Nummulites planulata*, offrirait certainement une coupe intéressante si les pentes n'en étaient pas couvertes de cultures.

A 30^m au-dessus du petit sentier qui aboutit au pied de l'escarpement, on voit, dans les sillons, des blocs assez grands de roches calcaires, formés de *Nummulites planulata*, *Dentalium Deshayesianum*, *Ostrea flabellula*, etc., agglomérés, et d'autres roches, assez nombreuses, offrant sur une moitié de leur épaisseur un lit de turritelles, généralement de taille moyenne, à l'état de moules calcaires *(Turritella edita)*, et sur l'autre, un amas de *Nummulites planulata*. Cette association, dont nous n'avons encore vu d'exemple qu'en ce point et dans les environs de Renaix, nous semble intéressante; elle montre le rapport intime qui unit à ce niveau ces deux fossiles, que l'on rencontre presque toujours en blocs ou en amas distincts.

Association de la *Nummulites planulata* et de la *Turritella edita*.

Au même endroit, on voit encore affleurer au milieu des champs un banc calcaréo-sableux, à demi concrétionné, gris-blanchâtre, à grains fins, dans lequel se trouvent dispersées quelques *Nummulites* de la même espèce.

Passage des sables de Mons-en-Pévèle à l'assise suivante.

Le facies de cette roche est tout-à-fait particulier : généralement la *Nummulites planulata* se trouve dans un sable fin, très-doux et très-meuble (Mons-en-Pévèle), tandis qu'ici elle apparaît dans une roche d'un caractère tuffacé, de quelque consistance.

Serait-ce une forme de passage entre le sable et la glauconie? Nous l'admettrons volontiers.

D'un autre côté, au mont Panisel, comme on le rappellera plus loin, nous avons recueilli d'assez nombreux échantillons de glauconie lustrée où se présente la même nummulite : ce qui vient à l'appui du rapprochement que nous venons d'indiquer entre ces deux assises.

Assise de la
glauconie du
mont Panisel. Un peu plus haut, les champs offrent un mélange de plaques siliceuses à turritelles et de nouvelles roches argilo-sableuses, grisâtres, à grains de glauconie légèrement espacés, de consistance variable et renfermant quelques fossiles spéciaux qui n'ont pas encore été rencontrés dans les assises plus inférieures. Constatons toutefois qu'à ce niveau la nummulite, si abondante quelques mètres plus bas, a complètement disparu. Dumont a rapporté les dernières de ces roches à un étage spécial dont il a pris le type au mont Panisel, près de Mons, et dont il a fait le *Système Pani*sélien. Dans notre contrée, comme en Belgique, cette assise sert de trait d'union entre l'Eocène inférieur et l'Eocène moyen.

A la Trinité, les fossiles sont rares et en mauvais état dans le Panisélien ; nous n'y avons trouvé de déterminables que ceux qui suivent :

Natica glaucinoïdes ?	*Pinna margaritacea.*
Natica sigaretina.	*Lucina squammula.*
Turritella edita.	*Leda striata.*
Cardium porrosulum.	*Ostrea flabellula.*
Cardium obliquum.	*Anomia*

Ces espèces se trouvent également en France, où elles caractérisent la base du calcaire grossier, c'est-à-dire la partie inférieure de l'Eocène moyen.

De même que nous avons désigné les sables à *Nummulites planulata*, sous le nom d'*Assise des sables de Mons-en-Pévèle*, nous dirons l'*Assise de la glauconie du mont Panisel*, pour désigner les roches du système paniselien de Dumont, le mot de système étant généralement pris chez nous dans une plus large acception.

De ce côté du mont , la côte , depuis le point où l'on a franchi la crête du ravin , s'élève par des ondulations successives jusqu'au plateau très-étroit qui la termine.

A environ 20^m d'élévation au-dessus du gisement qui précède, une entaille faite au sommet d'un des replis du terrain , laisse apercevoir un banc compacte d'une sorte de tuffeau légèrement glauconieux , gris-jaunâtre , de peu de consistance , passant à un sable offrant les mêmes caractères : tous deux indiquent ici la formation panisélienne bien en place. **Tuffeau**

Dans la partie sableuse, les fossiles sont rares , quand ils ne manquent pas tout-à-fait. Les restes organiques sont au contraire mieux conservés , quand la roche est plus concrétionnée. Parmi les échantillons de cette dernière catégorie , disséminés dans les champs ou sur les chemins , il en est quelques-uns de nature siliceuse, verdâtres, très-durs , à cassure vitreuse et brillante : ce sont les grès lustrés que l'on rencontre à peu près partout dans la partie supérieure de cette assise et principalement vers le centre du bassin , à Renaix et à Mons par exemple. Ces roches ne se présentent ici qu'à l'état remanié. **Grès lustrés.**

On verra plus loin que sur les bords du bassin , à Cassel , les grès lustrés verts, ou la Glauconie du mont Panisel proprement dite, est représentée le plus généralement par des sables et du tuffeau sableux. (Psammites de M. d'Omalius d'Halloy). **Différences entre les bords et le centre du bassin.**

A courte distance de la précédente , une nouvelle ondulation offre les détails ci-après :

1° Diluvium à éléments de silex roulés, de fragments de roches ferrugineuses pliocènes et de roches paniséliennes. . 4^m00

2° Argile sableuse et glauconifère, assimilable à l'argile supérieure de Cassel [1] . . . . 1^m00

3° Lit de roches paniséliennes. . . . . —

[1] Voir pour ce qui concerne l'âge de cette couche les détails présentés p. 65, chapitre du mont des Récollets.

4° Tuffeau formé de sable gris et de glauconie, partie
visible . . . . 2^{m}00

De ce point jusqu'au sommet de la colline, distant d'environ
20^m, les derniers replis du terrain ne fournissent plus que des
indications très-incomplètes sur les couches qui les constituent [1].

Assise des sables Tongriens?

A la surface de la première saillie pourtant, les champs sont
couverts d'un sable assez fin et micacé, auquel le mélange
d'humus donne une teinte violette. Ce sable se retrouve plus
haut, à l'ouest, sous l'église, avec les mêmes caractères de
finesse, mais aggloméré et coloré en rouge brun par le voisinage
des grès pliocènes qui le recouvrent immédiatement.

Dans ces deux points, les caractères minéralogiques de cette
couche sont accidentellement altérés; mais on peut la voir vers
le sud, sur le bord du plateau, dans le village même, dans son
état de pureté. Ainsi elle forme un léger talus, sous le diluvium, sur la gauche du grand chemin qui mène à Tournai,
dans un petit sentier qui cotoie l'habitation Wattou : là elle est
d'un jaune pâle, assez douce au toucher et riche en mica blanc.

Comme relation stratigraphique visible, ce sable est compris
entre l'assise Diestienne dont il va être question et l'assise Laekenienne qui affleure à peu de distance (chemin de l'est).

Son caractère minéralogique le distingue selon nous nettement des sables laekeniens des environs de Cassel et le rapproche
au contraire fortement des sables tongriens de Corbeckloo, près
Louvain; il semble, en outre, supérieur à l'argile n° 2 de la
coupe précédente, seulement les indications paléontologiques
y font défaut.

Sommet du plateau. Assise des sables de Diest.

Les sables de Diest sont peu développés sur le mont. Ils ne
s'étendent pas au-delà de l'espace étroit qui en forme le faîte
et sur lequel s'élèvent l'église et le cimetière du village.

[1] Cette lacune sera en partie comblée par les observations que nous ferons
plus loin, dans le grand chemin qui mène à Tournai.

Ces premières données sont résumées dans la figure suivante.

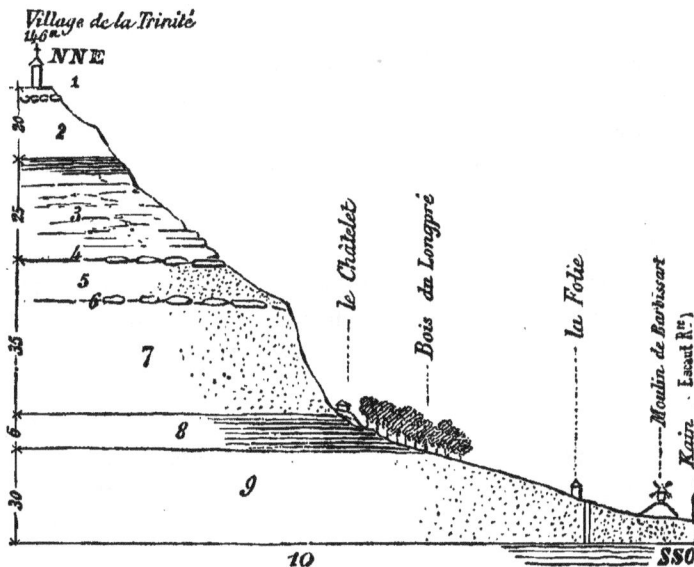

Mont de la Trinité. — Coupe de Kain au sommet de la colline.

Fig. 4.

		Assises de Dumont.
1 Pliocène. — Grès ferrugineux		Diestien.
2 Sables divers, visibles dans la coupe suivante ;		
3 Eocène moyen. Argile. Sables glauconifères et grès argileux		Panisélien.
4 — Plaques fossilifères siliceuses		
5 Eocène inf. Sables argileux à *Nummulites planulata* . . .		
6 — Banc calcaire formé de *Nummulites planulata*.		Yprésien sup.
7 — Sables fins, glauconieux		
8 — Argile des Flandres		Yprésien infér.
9 — Sables d'Ostricourt.		Landénien sup.
10 — Argile glauconifère. Tuffeau de Chercq à *Pholadomya Koninckii*.		Landénien infér.

Passons aux indications recueillies sur les autres versants du mont.

Côté nord du mont.

A environ **8** mètres du sommet, sous l'église, dans un sentier qui conduit à travers bois, vers la Gourdinerie ou Gourdinière, on rencontre sous le diluvium un nouvel affleurement de roches grisâtres panizéliennes, et un peu plus loin, à la jonction d'un grand chemin, une masse d'argile gris-jaunâtre appartenant, comme on le verra plus loin, à la même assise.

Présence de l'argile dans l'assise de la glauconie du mont Panisel.

Cette argile peut se suivre en descendant la route sur un certain parcours, toujours recouverte par des assises quaternaires, telles qu'un diluvium à gros éléments, ou par le limon ; ce dernier empêche bientôt toute observation dans cette direction.

Côté sud.
—
Observations dans le sentier qui descend vers Tournai.

Un autre sentier, rapide et pierreux, opposé au précédent, descend presque en ligne droite du village vers Tournai. On y remarque d'abord, sur un trajet d'une vingtaine de pas, le diluvium surmontant un sable fin, micacé, teinté en rougeâtre et en violacé vers le haut, tandis qu'il apparaît avec plus de pureté vers le bas. Ce sable est le même que celui qui touche à l'habitation Watou : Nous l'avons rapproché du *système tongrien* de Dumont *(Miocène)*.

Vers le milieu de la côte, en suivant la même voie, à une quinzaine de pas au-delà d'une petite chapelle, on peut, en fouillant le talus de droite, mettre à nu un sable argileux, très-doux, grisâtre où abonde la *Nummulites planulata.*

Au même niveau, dans les champs comme dans le sentier, on remarque des fragments de plaques calcaires ou siliceuses pétries, les unes de la même nummulite, les autres de turritelles.

Ces débris de roches se retrouvent à une faible profondeur dans les champs environnants.

A la base de la colline, ce petit chemin se termine entre deux talus élevés de limon, sous lesquels réapparaissent les sables landéniens, qui s'étendent presque sans interruption dans la plaine, jusqu'au point où leur présence a déjà été indiquée vers l'ouest, du côté de Pont-à-Kain.

Enfin, si de l'église on descend vers Tournai par le grand chemin de terre situé à l'est, on peut y observer la succession plus complète des terrains ci-après :

Côté sud-est.
Observations dans le grand chemin qui mène à Tournai.

A 5 ou 6 mètres au-dessous de l'habitation Wattou dont on a déjà parlé et avant d'arriver au petit couvent, le chemin présente dans ses talus la série qui suit :

1° Sable jaune-pâle à grains fins, non micacé.

2° Sable plus gros que le précédent et un peu plus coloré, sans mica, à grains de glauconie rares.

3° Sable jaune verdâtre, un peu argileux, légèrement glauconieux, *Panisélien.*

Les sables 2 et 3 sont séparés par un filet ondulé d'argile grise. C'est pour la première fois que les N°s 1 et 2 se rencontrent dans cet exposé ; vu leur manque de fossiles, et en tenant compte de leur position entre le sable très-fin, chamois grisâtre et très-micacé de l'habitation Wat ou, attribué à l'assise tongrienne et les couches panistliennes dont on voit ici la partie supérieure ; nous sommes portés à les considérer comme correspondant aux assises laekénienne et bruxellienne que Dumont a indiquées sur sa carte : nous retrouverons, dans la chaîne de Cassel, ces assises bien mieux reconnaissables.

Sables de Cassel

Près du couvent affleurent en divers points le sable gris panisélien et l'argile grise, prolongements des couches indiquées à l'ouest et au nord de la colline.

L'argile se poursuit à quelque distance de là sur la pente ; elle affleure encore à 6 ou 8 mètres plus bas, dans les fossés.

Un peu plus loin , un peu en avant du chemin qui conduit au hameau du Bourdeau , les talus laissent à découvert, sur la droite surtout, sous une argile analogue à la précédente, un sable gris assez fin, qui se continue pendant dix ou vingt pas.

Différence de stratification entre les assises Panisélienne et Yprésienne. Les assises panisélienne et yprésienne sont ici en stratification discordante et à leur contact se présente une petite bande de plaques siliceuses avec turritelles , *cardium* et *cardita* , à l'état de moules et sans nummulites. Les vides de ces roches remaniées sont remplis d'argile brune.

Le ravinement qui existe entre le sable et l'argile , la présence de ces plaques siliceuses qui ne se sont certainement pas formées sur place, tout nous porte à voir en ce point la limite inférieure de l'assise de la glauconie du mont Panisel.

A un mètre plus bas , les derniers sables dont nous venons de parler, se présentent avec tous les caractères minéralogiques de ceux de Mons-en-Pévèle. On peut les suivre jusqu'au dessous du mur de clôture du château de M. de Lacroix.

Nous n'y avons pas retrouvé les fossiles caractéristiques , mais nous ferons observer que leur niveau correspond exactement à celui où nous avons indiqué, dans le sentier du sud, une couche minéralogiquement identique, très-riche en nummulites. Ajoutons. comme nous l'avons constaté déjà à Mons-en-Pévèle, où ces sables sont si bien développés , que leur caractère minéralogique est constant dans ce rayon et facilement reconnaissable, mais que la nummulite ne s'y rencontre pas dans toutes les zônes.

Sable siliceux. A l'angle du mur dont on vient de parler, à droite encore , on remarque un sable blanc-grisâtre , appartenant au même niveau que les précédents. Il s'en distingue minéralogiquement en ce qu'il contient un peu de silice soluble , indication que l'analyse nous a fournie.

Non loin de là, sur la gauche, un talus quelque peu exploité, présente, sous un diluvium formé de grès ferrugineux et de roches du mont Panisel, un mélange de sables divers d'une teinte jaune-rougeâtre plus ou moins accusée, contenant par place des grains de mica blanc, dans lesquels on reconnaît les éléments des trois premiers sables indiqués en place au sommet du chemin. On les voit même, à droite, recouverts par l'argile panisélienne, preuve manifeste d'un renversement dans l'ordre naturel des couches. Cette superposition anormale est évidemment l'effet d'un éboulement dont l'époque remonterait aux premiers temps diluviens : ce qui donne un certain poids à cette conjecture est la présence de blocs de grès diestiens, qui se trouvent par place disséminés dans le plan de contact des deux couches.

Le même désordre se représente à ce niveau sur le versant sud-ouest de la côte voisine, à peu de distance de la ferme du Rouge-Fort. Nous dirons plus loin quelques mots de la composition de cette côte secondaire qui s'appuie à l'est sur le mont de la Trinité.

On parvient ainsi jusqu'aux petites fermes qui font partie du hameau du Trieu des Chevaux, où l'on voit l'argile gris-bleuâtre yprésienne affleurer à son tour dans les fossés du chemin. Cette assise, qui constitue à elle seule, de ce côté, le dernier contrefort du mont, descend presque au niveau de la plaine. Elle repose à l'est de la colline, comme au sud et à l'ouest, sur les sables d'Ostricourt (Landénien supérieur de Dumont).

La figure 5, d'autre part, reproduit les détails qui précèdent.

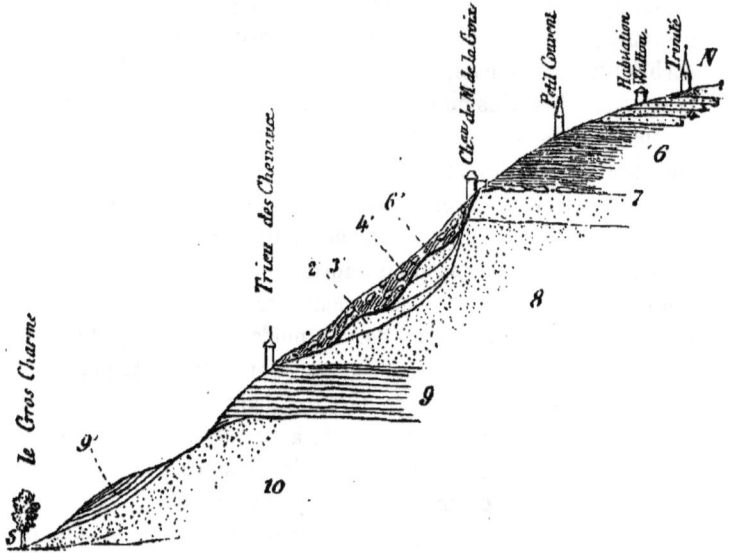

Mont de la Trinité. — Coupe du sud au nord.

Fig. 5.

	Systèmes de Dumont.
1 Grès ferrugineux	Diestien.
2 Sable fin, micacé	Tongrien ?
3 Sable fin, non micacé	Laekénien.
4 Sable quartzeux	Bruxellien.
5 Sable argileux, glauconifère	
6 Argile et sable argileux avec grès glauconifères	Paniselien.
7 Plaques siliceuses fossilifères	
8 Sable de Mons-en-Pévèle renfermant la *Nummulites planulata* vers le haut	Yprésien sup^r.
9 Argile des Flandres	
9′ Idem éboulée	Yprésien infér.
10 Sables d'Ostricourt	Landénien sup^r.

2′.3′.4′.6′. — Sables divers, éboulés, recouverts d'un diluvium à gros éléments.

A l'est du mont Saint-Aubert proprement dit, s'étend une petite côte boisée qui lui sert de contrefort; sa base est assez développée, mais sa hauteur est moindre que celle du mont; aussi n'y trouve-t-on pas à son sommet les sables supérieurs; en revanche les assises yprésienne et panisélienne y sont faciles à reconnaître et à suivre.

Le chemin étroit qui conduit de ce côté prend naissance derrière le petit couvent déjà indiqué comme point de repère dans les lignes qui précèdent. On y remarque d'abord, en contre-bas sur la gauche, un ravin profond, boisé dans sa partie inférieure, et d'un aspect très-pittoresque. Les sables de Mons-en-Pévèle y sont visibles sur la rampe occidentale, à 4 ou 5 mètres de sa partie supérieure. A quelques mètres plus bas une source indique la présence de l'argile inférieure. Le caractère minéralogique des sables est très-net, mais nous n'y avons pas trouvé de fossiles.

Le chemin se maintient quelque temps à peu près au même niveau et cotoie sur la gauche un petit bois à la base duquel apparaît, sur une épaisseur de quelques décimètres, le tuffeau grisâtre panisélien, et au-dessous une bande d'argile appartenant à la même assise, puis la route s'abaisse en décrivant un coude vers le sud, et l'on voit l'épaisseur de l'argile se développer dans les talus, à mesure que s'accentue la pente du terrain.

A 7 ou 8 mètres au-dessous du niveau du bois, le sable fin yprésien (sable de Mons-en-Pévèle), affleure à son tour sur les pentes; on peut le suivre vers l'est, au-delà d'une petite chapelle, jusqu'au point de rencontre du pavé de Mourcourt. De ce point en revenant sur ses pas jusqu'au hameau du Bourdeau, on rencontre une autre route qui traverse la côte du nord au sud; elle passe au travers d'un petit bois dont le sol est constitué par l'argile panisélienne. On suit aisément cette dernière dans le chemin, jusque vers la ferme du Rouge-Fort. Sur ce versant, qui fait face au Trieu des Chevaux, on retrouve, au-dessus de l'argile et recouverts par un diluvium très-épais et à gros éléments (grès ferrugineux), les sables supérieurs éboulés (sables de Cassel, etc.), déjà signalés au même niveau dans le grand chemin décrit en dernier lieu.

La situation anormale de ces sables et leur présence au même niveau, de ce côté des deux escarpements, permet de supposer qu'ils proviennent des couches sableuses qui s'étendaient primitivement sur toute la partie culminante du massif.

Résumé. Les détails précédents permettent d'établir ainsi qu'il suit, la série tertiaire constituant le mont de la Trinité :

TERRAINS.	ASSISES.		ZÔNES	PRINCIPAUX POINTS D'OBSERVATION.
Pliocène.	Sables de Diest.	Diestien.	Grès ferrugineux......	Sommet, sous l'église
Miocène	Tongrien ?.		Sable fin, blanchâtre, très-micacé........	Habitation Wattou.
	Sables de Cassel.	Laekénien.	Argile glauconifère....	A l'ouest.
		Bruxellien.	Sable fin, jaunâtre.... Sables quartzeux jaunâtres.............	Grand chemin de l'Es talus entre le villa et le couvent.
Eocène.	Glauconie du Mont Panisel.	Paniselien.	Tuffeau glauconifère...	Au nord et à l'est.
			Sables argileux glauconifères.............	Idem.
			Argile grise plus ou moins glauconifère...	Dans les bois du nord de l'est
	Sables de Mons-en-Pévèle.	Yprésien sup'.	Plaques siliceuses à turritelles.............	Grand chemin de Tou nai; hauteur du cl teau de M. de la Cro
			Sables et bancs calcaires à *Nummulites planulata.*	Sentier du sud.
			Sables fins glauconieux sans fossiles...	Dans tous les ravins.
	Argile des Flandres.	Yprésien inf.	Argile des Flandres...	Trieu des Chevaux, B du Long-Pré, etc.
	Sables d'Ostricourt.	Landénien sup'.	Sables d'Ostricourt....	Sur tout le pourtour s de la colline.

SECTION II.

GOLFE D'HAZEBROUCK.

Le golfe d'Hazebrouck comprend les arrondissements d'Haze- Son étendue.
brouck et de Dunkerque et partiellement ceux de St-Omer et de
Lille.

Dans son état actuel, cet ancien golfe de la mer tertiaire offre
l'aspect d'une vaste plaine formée d'argile compacte, homogène
et puissante (argile d'Ypres ou argile des Flandres), bordée de
sables et de Tuffeau (landénien).

Un puits que l'on fore en ce moment dans la propriété de Nouveau puits
de Bailleul.
M. Hié, à Bailleul, et dont nous avons vu les échantillons de mètre
en mètre, a donné, à travers cette glaise, la coupe suivante :

	Epaisseur.		Profondeur.	
	m.	c.	m.	c.
1º Terre végétale	4	00	4	00
2º Glaise très-jaune	0	45	4	45
3º Argile verdâtre compacte.	20	55	25	00
4º Argile gris-bleuâtre ; traces de fossiles : moule de *turritelle*, petit fragment d'*Ostrea* (*flabellula ?*), à la profondeur de 39ᵐ	59	50	84	50
5º Argile très-dure ou septaria. Banc solide attaqué au trépan	0	10	84	60
6º Argile plastique micacée	3	90	88	50
7º Sable grossier, argileux, verdâtre.	0	30	88	80
8º Argile sableuse, successivement: gris-verdâtre, noirâtre et compacte, — d'un bleu franc et schisteuse, puis noire, — enfin devenant sableuse vers la base : niveau d'eau	55	20	144	00
9º Banc de 1ᵐ 45, offrant en contact avec l'argile précédente 0,30 de craie blanche très-pure .	1	45	145	45
10º Craie blanche.	18	55	164	00
Total	164	00		

La limite entre l'argile des Flandres et l'assise Landénienne est difficile à préciser sur ces données ; nous serions cependant tentés de la placer entre les couches 7 et 8.

D'autre part, M. Meugy cite à Hazebrouck, un sondage qui a donné 100^m pour l'épaisseur de l'argile en question. A Dunkerque, elle a encore une puissance de 80^m. Les bords du bassin se relèvent souterrainement vers Calais, où un puits creusé en 1844 a fait connaître, sous 23^{m}30 de sables marins récents, les assises landéniennes, sans rencontrer l'argile d'Ypres. Cette circonstance en porte la limite probable, à l'ouest, vers Gravelines. A l'est au contraire, la dépression se prolonge en Belgique, en même temps qu'elle y acquiert une profondeur très-grande : A Ostende, par exemple, un sondage dirigé par M. Kind, a traversé les terrains tertiaires inférieurs sur 208^m de profondeur : l'argile qui nous occupe y acquiert 135^m d'épaisseur.

Remarquons en passant que si l'on compare la carte publiée par M. V. Derode (Histoire de Lille), sur la distribution des langues flamande et française, avec une carte géologique, on voit que le pays flamand a pour limites, dans ce bassin, les contours de l'argile d'Ypres.

Influence de l'argile sur la nature de la végétation. Dans presque tout ce pays, le sous-sol et fréquemment le sol lui-même sont constitués, comme on l'a dit, par de la glaise. Ces terrains sont généralement très-difficiles à cultiver, à cause de leur ténacité et de l'obstacle qu'ils présentent à l'écoulement des eaux, et la plupart sont, pour ce motif, cultivés en bois ou en prairies. Cependant, ils peuvent donner de riches récoltes quand ils sont convenablement préparés ; ce fait peut s'expliquer par la plus grande proportion d'engrais que retient l'argile, conséquence naturelle de son imperméabilité.

Pente qui règle la direction des eaux. La plaine, généralement unie, se relève un peu à l'ouest, où elle s'appuie sur les collines de l'Artois : telle est l'origine de la faible pente qui s'accuse du sud-ouest au nord-est et que suivent l'Escaut et la Lys. Ces rivières décrivent, en effet, dans la plus grande partie de leur cours, une ligne à peu près parallèle à la côte.

Dans la plaine s'élèvent les éminences dont nous avons déjà Série des monts que l'on rencontre dans ce bassin. donné l'orientation générale; nous allons en aborder la description. Ce sont, en commençant par la frontière du Pas-de-Calais : *les monts de Watten, du Tom, de Cassel, des Récollets, de Boëschepe, le mont Noir,* puis *le mont Rouge* qui continue la série au-delà la frontière franco-belge. Cette chaîne de collines se termine par le petit massif de *Kemmel* et *le mont Aigu.*

CHAPITRE I.

MONT DE WATTEN.

Ce mont forme au sud-ouest du département le point ex- Sa situation trême de la série de collines qui traversent de l'ouest à l'est l'arrondissement d'Hazebrouck.

Une tour en ruines en marque le sommet, qui est à la cote 72.

Il se relie au nord et au sud-est à quelques éminences un peu moins élevées, en partie couvertes par les bois de Watten et de Ham. A ses pieds coule l'Aa, petite rivière canalisée qui, à partir de ce point jusqu'à Gravelines, sépare le département du Nord de celui du Pas-de-Calais, et la Colme, autre canal dérivé du premier. En face de Watten, de l'autre côté de la vallée, s'élève la colline de Ruminghem, qui par des ondulations progressives se rattache à l'horizon avec les hauteurs les plus accentuées de la chaîne de l'Artois.

La limite du golfe tertiaire d'Hazebrouck est en ce point à courte distance de celle du département : l'argile des Flandres (argile d'Ypres) indiquée dans le bassin d'Orchies constitue encore presqu'à elle seule la colline de Ruminghem, comme elle forme la masse principale de celle de Watten et de ses environs ; mais à Eperlecques et à Moule, à quelques lieues plus au sud on trouverait les sables d'Ostricourt, faisant bordure à l'argile,

4

le tuffeau, et au contact de ce dernier les premiers relèvements de la craie.

Plus près de Saint-Omer, l'assise argileuse, si développée dans tout ce bassin, n'est plus représentée que par une faible trace : une couche de quelques centimètres d'épaisseur visible à Blandecques.

L'argile forme la masse principale du mont. — L'argile, avons-nous dit, forme la masse presqu'entière du mont de Watten ; sa présence y est facile à constater : on la découvre aisément à sa base, sur ses flancs et même à son sommet ; là pourtant elle est surmontée par une couche diluvienne et par quelques lits de sable dont nous parlerons plus loin.

Les versants sud et sud-est, dégarnis de culture et convertis en pâturages, sont faciles à gravir. A tous les niveaux on y voit de petites mares, conservant l'eau pluviale et laissant à découvert, sur leurs bords, une argile grasse, de couleur brune, à veines bleuâtres à l'état humide et devenant schisteuse et grisâtre à l'état sec.

Des exploitations. — Ces caractères minéralogiques se reconnaissent mieux encore dans les petites coupures pratiquées fréquemment de ce côté du mont, au bas de la côte, pour l'extraction de l'argile. L'une d'elles, effectuée vers l'est, à peu de distance d'une importante fabrique de poterie commune, laissait à nu, il y a quelques mois, sous une couche de quelques centimètres à peine de terre végétale :

1 m à 1 m 50 d'argile bleuâtre, présentant à sa partie supérieure quelques galets diluviens de silex roulés et brisés, galets dont on retrouve des traces partout à la surface des pâturages, et de menus fragments de calcaire blanc-jaunâtre.

Septaria. — Dans l'argile nous avons de plus recueilli des nodules calcaires de même nature que ces derniers fragments, mais d'une épaisseur assez notable, de forme irrégulière et aux angles arrondis.

Ces concrétions que nous n'avons encore vues qu'à Watten, se rencontrent fréquemment dans l'argile de Londres, rapprochement sur lequel il n'est pas inutile d'insister ; elles sont connues sous le nom de *Septaria.*

Si l'on se dirige vers le sommet du mont, par le chemin qui traverse le bourg, on voit encore l'argile affleurer en divers points, notamment sur les bords d'un abreuvoir, puis sur les côtés de la route, un peu en avant du pavillon de Belle-Vue. A quelques pas au-delà de ce dernier point, sous les murs du chateau qui couronne la hauteur, un dernier talus offre la coupe ci-après :

1° Diluvium sableux, ferrugineux, à silex brisés, de taille moyenne, épaisseur : . . . . 0^m50 à 0^m60

2° Sable légèrement argileux, grisâtre, fin, micacé, très-doux au toucher, un peu concrétionné et offrant une teinte ocreuse à sa partie supérieure, avec faibles traces de débris de fossiles . . . . 3^m00

Sable rapporté à ceux de Mons-en-Pévèle

Ce sable est supérieur à l'argile que l'on rencontre à quelques mètres plus bas, mais leur contact n'est pas visible ; il présente minéralogiquement et au point de vue stratigraphique la plus grande analogie avec celui qui, à Mons-en-Pévèle et au mont Saint-Aubert renferme abondamment, en certaines zônes, les *Nummulites planulata ;* nous croyons pouvoir, bien que nous n'y ayons point trouvé ce fossile, ranger le sable du chateau de Watten dans l'assise des sables de Mons-en-Pévèle.

Rappelons à l'appui de cette opinion que, dans les deux localités qui viennent d'être citées, il existe des bancs puissants de sables, minéralogiquement identiques avec celui dont il est question et entièrement dépourvus de fossiles [1].

1 Depuis que ces lignes ont été écrites, nous avons reconnu quelques *Nummulites planulata* dans les échantillons provenant de ce gisement. — Notre rapprochement se trouve donc vérifié.

A quelques pas du talus où l'on vient de s'arrêter, la route débouche sur un plateau couvert de cultures qui se développe assez largement au nord-est. Une bande de *diluvium*, épaisse de 50 à 60°, le recouvre partout et se mêle à la mince couche de terre arable de la surface des champs.

Nature
du diluvium.

Les éléments de ce diluvium proviennent des environs ; ils consistent en silex de la craie, parmi lesquels on a remarqué, entr'autres débris fossilifères, des *Micraster breviporus*. Un de nos amis, M. Decoq, y a recueilli un fragment de *Cardita planicosta*, qui figure au Musée de Lille, mais nous n'avons trouvé dans le mont aucun dépôt eocène auquel puisse se rapporter ce fossile. Ce n'est donc qu'un débris arraché par les eaux diluviennes aux collines voisines, telles que celle de Cassel, située à 19 kil. de là ; peut-être provient-il encore d'une couche de même âge, ayant autrefois couronné le mont lui-même et détruite ultérieurement.

A l'entrée du plateau se remarquent, sur la droite de la route, de petites excavations d'où l'on extrait les silex pour empierrer les chemins. L'une d'elles montre, intercalés dans le diluvium, qui les a remaniés, quelques filets de sable rougeâtre et quelques lits minces d'argile grise schisteuse.

Plus loin, dans la même direction, les restes d'un talus coupé à pic et faisant face au bois de Ham fournissent une autre indication; on y remarque :

Sables de Diest. 1° Diluvium formé de silex brisés de taille moyenne avec quelques fragments plus gros à la base . . . . . 25 à 30c.

2° En stratification discordante avec les deux couches voisines, une bande de sable quartzeux, assez gros, de couleur rouge-brun, mêlé de quelques grains plus pâles . . 20c.

3° Argile séchée à l'air, grise, schisteuse avec quelques filets de teinte ferrugineuse . . . . partie visible : 40c.

Les caractères minéralogiques du sable intercalé ici entre l'argile et le diluvium permettent de le rapporter à l'étage pliocène, assise des sables de Diest.

En suivant la pente qui conduit vers le bois de Ham on retrouve encore les traces de l'argile. Elle affleure dans le ruisseau légèrement raviné, qui sépare les deux collines.

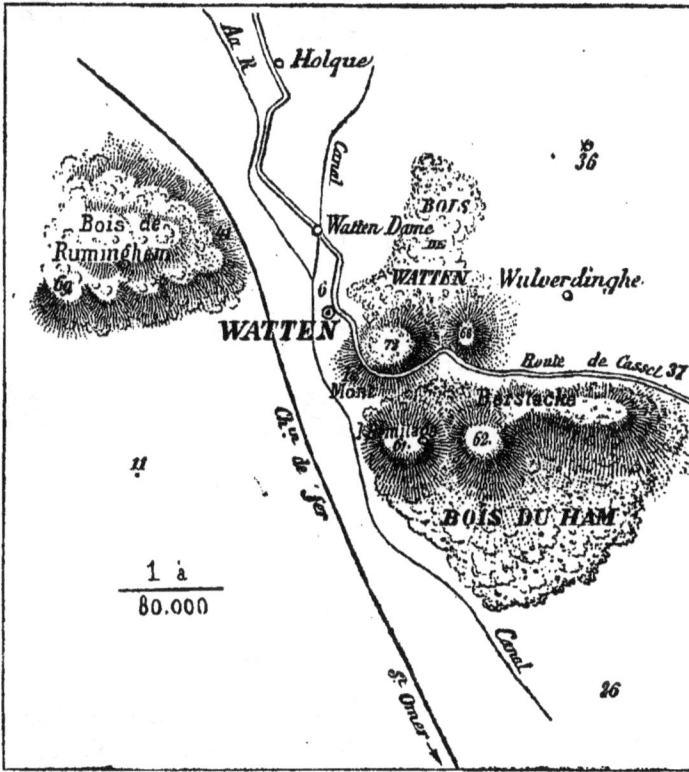

Plan topographique des environs de Watten.

Fig. 6.

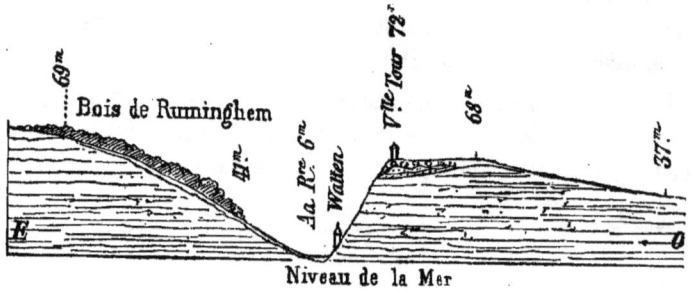

Profil orienté de l'est à l'ouest. Vallée de l'Aa et mont de Watten.

Fig. 7.

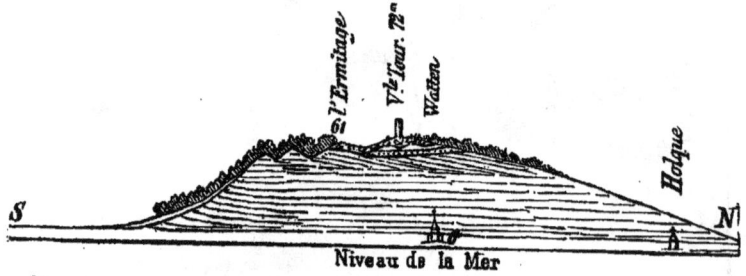

Coupe du mont de Watten prise du sud au nord.

Fig. 8.

CHAPITRE II.

MONT DU TOM.

Cette petite éminence, qui relie en quelque sorte le mont de Watten à Cassel, est située au nord de ce dernier, à une distance de 5 kil. environ. La voie ferrée de Lille à Dunkerque en effleure le pied sur le versant sud-ouest.

M. Meugy y a indiqué la présence, sous une faible épaisseur, des sables verdâtres de la base de Cassel ; nous n'y avons trouvé, sur le point le plus élevé, sous le moulin qui couronne le sommet de cette butte, que l'assise argileuse de Watten, qui elle-même, d'après ce que nous en avons vu, n'est nulle part nettement à découvert. La nature glaiseuse du sol y est pourtant un obstacle au bon rapport des cultures.

Le sable dont on se sert dans la localité pour l'entretien des routes et les constructions n'est autre que le sable quartzeux, gris-jaunâtre et fossilifère de la zône à *Lenita patelloïdes* de Cassel ; ceci résulte de l'examen que nous en avons pu faire le long des routes et des informations recueillies sur place.

CHAPITRE III.

MONTS DE CASSEL ET DES RECOLLETS.

(Voir pl. V).

Assis sur une base commune, l'argile d'*Ypres*, jusqu'à la hauteur de 76^m, et séparés seulement par un vallon étroit, les monts de Cassel et des Récollets s'élèvent, l'un à 157^m, l'autre à 140^m au-dessus du niveau de la mer. La distance comprise entre leurs sommets est d'un kilomètre environ. *Considérations générales sur ces deux monts.*

Le mont Cassel est situé à 48 kil. au sud-sud-est de Dunkerque et couronné par la pittoresque petite ville qui porte le même nom. Cette colline, la plus importante du département, offre dans son pourtour, du nord-ouest au sud-est, des pentes très-abruptes vers la plaine environnante; les autres versants ont des inclinaisons moins rapides.

Ses flancs, couverts de cultures et de pâturages sont parsemés çà et là de rustiques habitations au milieu desquelles s'élèvent quelques châteaux et des maisons de campagne très-heureusement situées.

Le mont des Récollets, d'une superficie moins grande, offre

un aspect plus rude et plus agreste : ses pentes arides et sa-
bloneuses, à part une grande entaille signalant vers le sud l'em-
placement d'une vaste carrière, ne présentent guère de traces
de défrichements et sont encore en grande partie revêtues de
bois et de taillis.

Au point de vue géologique, ces deux éminences offrent un
grand intérêt par l'importance et la variété des couches qui les
constituent.

On y rencontre, à différents niveaux, une série de carrières
ayant principalement pour but l'extraction de certaines zônes de
sables et de roches, employées comme matériaux de construction;
presque toutes ces exploitations méritent d'être visitées, si l'on
veut s'édifier complètement sur les détails de la structure de ces
deux monts, qui offrent entr'eux la plus grande analogie et ont
dû faire autrefois partie d'un même massif. Mais on n'y voit
nulle part, en ce moment, un ensemble de superpositions aussi
complet que dans la grande carrière du mont des Récollets.

Cette circonstance nous porte à traiter celui-ci en premier lieu.

A. — MONT DES RÉCOLLETS.

Le pied de ce mont touche pour ainsi dire à celui de
Cassel.

Sa situation. Il se trouve comme enclavé, dans le sens de son grand axe
orienté du nord-est au sud-ouest, dans l'angle formé par la
grande route de Cassel à Lille et le pavé de Steenvoorde.

Un petit chemin de terre prenant naissance à la route de Lille,
près du cabaret dit de la Sablière, contourne sa base au sud et
à l'est pour se raccorder à son extrémité nord avec le pavé de
Steenvoorde; l'abord en est donc facile de toutes parts.

La plus importante de ses carrières fait face au sud-ouest à
la grande route de Lille; c'est la seule qui se présente de ce
côté du mont. Les autres ont accès sur le second pavé déjà indi-

qué, ce sont, d'abord : une exploitation assez vaste, établie comme la précédente vers la partie moyenne du mont, mais sur le versant opposé, puis deux extractions de sable pratiquées à un niveau inférieur et situées, l'une dans le voisinage d'une briqueterie, l'autre à l'extrémité nord de la colline.

Avant d'examiner ces divers points, constatons dans la plaine la présence de l'argile des *Flandres ;* on peut la suivre, depuis les hauteurs de Watten et le mont du Tom, jusqu'au nord-ouest de Cassel, où elle est exploitée près de l'embranchement des routes d'Arneke et de Bourbourg. *Présence de l'argile des Flandres à sa base.*

Au sud, à la gare de Cassel, on l'a rencontrée avec ses caractères minéralogiques ordinaires, sans fossiles, dans le forage d'un puits ; son épaisseur y est de plus de **95** mètres, dernière limite où l'on s'est arrêté dans ces travaux (Meugy et Lyell).

Plus près des Récollets, cette assise est parfois reconnaissable sous le limon, sur le bord des mares et des fossés qui traversent les prairies situées dans les bas-fonds.

Sur cette base atteignant, rappelons-le, la cote 76 mètres, reposent des sables jaunes par altération, plus ou moins argileux et des sables verdâtres plus grossiers où la glauconie se présente en lits où en zones noirâtres dont elle constitue l'élément le plus visible. Les premiers de ces sables correspondent à notre assise des sables de Mons-en-Pévèle, comme ceux du sommet de Watten. Les autres se relient à l'asise de la glauconie panisélienne qui les recouvre immédiatement.

Voyons à cet égard les données que l'on peut recueillir à la briqueterie située à proximité de la route de Steenvoorde et à la base du mont.

Une couche de limon sableux, épaisse de **2 à 3** mètres, y est utilisée pour la fabrication des briques. Un puits y a été creusé jusqu'au niveau des sables aquifères qui précèdent immédiate- *Puits de la Briqueterie — Sables inférieurs* ment l'argile; voici d'après les indications du chef des travaux, M. Grandel, les couches traversées en ce point, qui domine la route de 3 à 4 mètres.

1° Limon.	**2**	**50**
2° Diluvium à gros éléments de roches de Diest .	**1**	»
Base de l'assise Panisélienne.		
3° Sable verdâtre, très-glauconieux	**2**	»
4° Sable vert-noirâtre, à gros grains.	**1**	»
Yprésien supérieur.		
5° Sable argileux, jaune foncé	**1**	»
6° Sable graveleux, avec traces ferrugineuses, aquifère.	**3**	»
	10	**50**

Les couches 3 à 6, par leur position stratigraphique et leur nature minéralogique, correspondent d'une façon identique à celles relevées dans la tranchée d'Hollebeck, dans les travaux du canal d'Ypres (page 18).

Ces rapports justifient notre classification.

Au-dessus du puits, la pente du mont présente sous quelques mètres de limon et de diluvium :

Sables et grès, assise de la glauconie Panisélienne. Un sable gris verdâtre, assez doux au toucher, fortement mélangé de grains de glauconie, faisant suite aux Nos 3 et 4 de la coupe précédente, visible sur 2 à 3m d'épaisseur; il offre parfois, irrégulièrement disséminés vers sa partie supérieure, des nodules et des blocs assez volumineux d'une roche calcaréo-sableuse, de couleur plus claire, passant en certains points au grès lustré et contenant, à l'état de moules, les fossiles ci-après :

Pinna margaritacea, très-abondante par places;

Trochus,   *Natica sigaretina,* etc.

Au-dessous de ces blocs fossilifères, assimilables aux roches tufacées paniséliennes du mont de la Trinité, et que l'on rencontre en d'autres points au même niveau, mais toujours en petit nombre, entre la briqueterie et les autres exploitations de la colline, on remarque dans le même sable un lit mince et irrégulier de fossiles décomposés, parmi lesquels on reconnaît quelques *Ostrea flabellula*.

Ces sables sont encore exploités au nord vers la base du mont; leur nature minéralogique, l'abondance relative de la *Pinna margaritacea*[1] dans les roches qu'ils renferment et leur situation entre les sables yprésiens et les couches fossilifères les plus inférieures du système bruxellien, qui les recouvrent comme nous allons le voir : tout conduit à les ranger dans l'assise de la glauconie du mont Panisel. Leur importance est ici d'environ 5 à 6 mètres.

A l'assise qui précède on voit succéder, en s'élevant sur le flanc de la colline, une formation de sables très-glauconieux entrecoupés de bancs calcaréo-sableux, irréguliers, très-abondants en fossiles friables ou à l'état des moules parmi lesquels on remarque surtout la *Turritella edita*.

Zône à turritelles

Elle offre aussi des lits de grands *Cardita planicosta* et rappelle parfaitement, à tous les points de vue, le niveau fossilifère d'Aëltre.

L'épaisseur du limon empêche en ce point de suivre cette zone dans tous ses détails, mais on y distingue vers la base, dans un sable assez gros, très-glauconieux, visible sur 2 à 3 mètres d'épaisseur, des lits de 30 à 40° de *Cardita planicosta* de grande dimension, très-fragiles et, un peu au-dessus, des coupes multiples de *Turritella edita*, dont le test blanchâtre tranche vivement sur la teinte foncée du sable.

La partie supérieure de la zone apparaît dans le talus d'un pe-

---

[1] Ce fossile est très-commun dans les gîtes paniséliens les mieux établis ; cette circonstance lui donne pour nous une valeur tout à fait caractéristique.

tit chemin sous bois qui contourne de ce côté la colline; elle offre de haut en bas :

1° Un banc calcaréo-sableux grisâtre, piqué de grains de glauconie, pétri de moules de *Cardium porrulosum et Cardium obliquum*, de *Bifrontia serrata, Venus suberycinoïdes, Nucula fragilis, Turritella*, etc. 1 50

2° Un lit de sable très-glauconieux, assez fin, offrant de nombreuses coupes de bivalves méconnaissables, et des *Turritella*, des *Sigaretus, Natica, Fusus*, etc. . .   1 »

3° Un banc semblable au premier (N° 1) formé presque tout entier de moules calcaires de *Turritella edita* et d'une autre *Turritella* plus petite, indéterminée . . .   » 50

Cette zone embrasse en élévation un espace de 4 à 5 mètres.

Elle se retrouve au même niveau, de l'autre côté de la colline dans un chemin de terre qui la contourne au sud-est, et au pied de la grande carrière dont nous allons nous occuper. On la reverra également bien développée à Cassel, sous le cimetière.

Grande carrière Grandel.
Assise des sables de Cassel.
Calcaire grossier

La grande carrière des Récollets, comme la briqueterie dont il a été question tout à l'heure, appartient à M. Grandel, qui en permet très-obligeamment l'accès. Un large chemin, disposé en lacet, part de la route de Lille et s'élève jusqu'à la base de cette remarquable tranchée.

Zone à turritelles

Au premier coude que ce chemin décrit sur la gauche, on pouvait, l'année dernière, reconnaître dans les fossés fraîchement creusés la présence des sables glauconieux et des bancs calcaréo-sableux de la zone à *turritelles*, avec ses fossiles caractéristiques.

Cette zone, dont la partie supérieure disparaissait sous les déblais, s'élève jusqu'au contact des sables les plus inférieurs que l'on exploite dans la carrière : les sables blancs dont la description va suivre (*Voir ci-contre*, fig. 9).

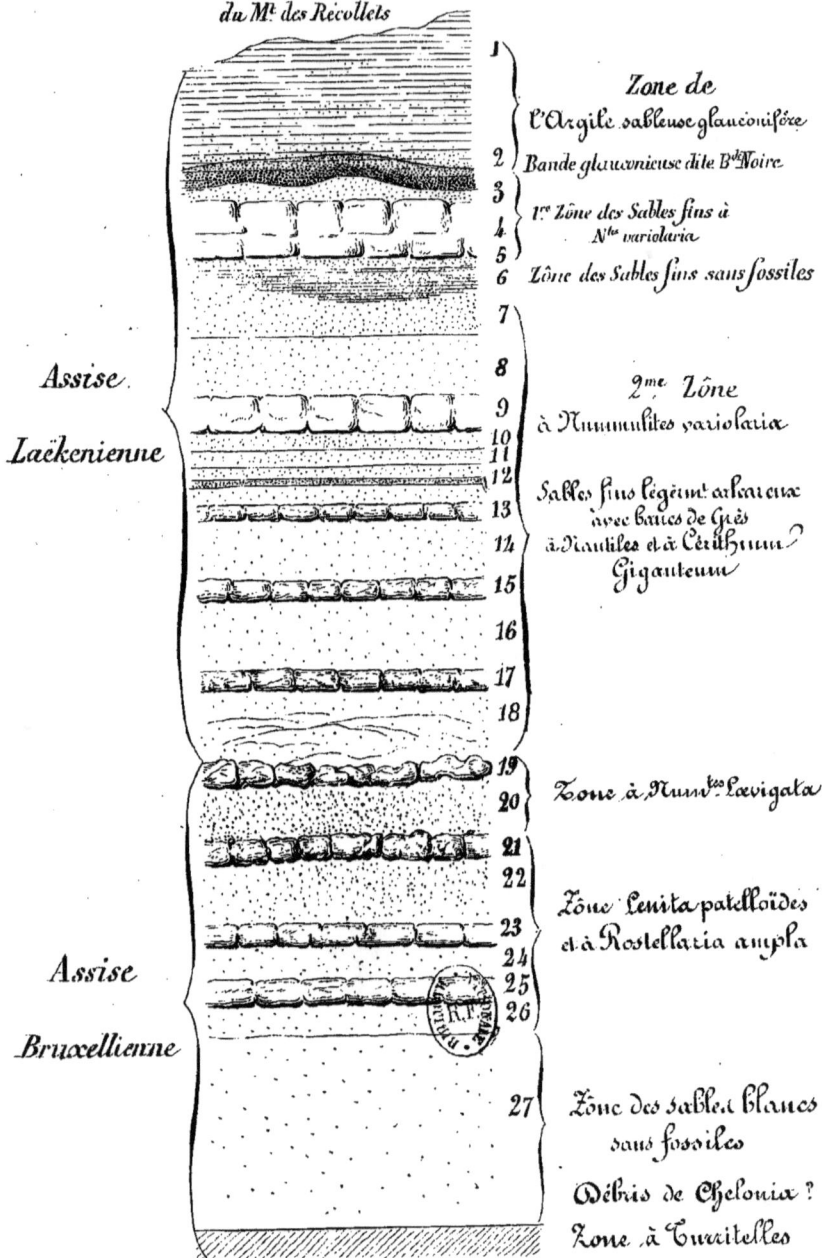

COUPE DE LA GRANDE CARRIÈRE
du Mt des Récollets

FIG. 9

1

Zone de
l'Argile sableuse glauconifère

2 *Bande glauconieuse dite Bde Noire*

3
4 1re *Zône des Sables fins à*
5 *Nles variolaria*

6 *Zône des Sables fins sans fossiles*

7

Assise

8
9 2me *Zône*
10 *à Nummulites variolaria*
11
12
13 *Sables fins légèrement arkareux*
avec bancs de Grès
14 *à Nautiles et à Cerithium*
Giganteum

Laëkenienne

15

16

17

18

19 *Zône à Numtes Lævigata*
20

21
22

Zône Lenita patelloïdes
23 *et à Rostellaria ampla*
24
25
26

Assise

Bruxellienne

27 *Zône des sables blancs*
sans fossiles

Débris de Chelonia ?
Zône à Turritelles

Les travaux d'exploitation ont pris de ce côté du mont un développement remarquable, ils en occupent toute la largeur, 180^m environ, et s'élèvent sur le quart à peu près de sa hauteur. L'œil y est frappé, au premier abord, par une succession de bancs plus ou moins durs, régulièrement disposés au milieu d'une masse sableuse qui prend naissance à peu de distance du sommet de la tranchée.

La première idée que fait naître l'aspect de ces couches est celle d'une suite de dépôts lentement effectués, mais on verra bientôt que cette première impression se trouve grandement modifiée par les observations de détail.

A la partie inférieure des travaux on remarque un sable blanc, quartzeux, mêlé de quelques grains de glauconie, parfois cependant très-pur, épais de 4 à 5^m, reposant sur la couche à turritelles,

Zone des sables blancs sans fossiles.

Cette superposition est très-rarement visible dans les carrières du pays parce que l'extraction du sable blanc, bien qu'il soit le plus recherché, ne se poursuit généralement pas jusqu'à sa base, dans la crainte des éboulements, mais le fait a été vérifié autrefois dans une des carrières du mont Cassel[1].

Contrairement à ce qui se produit à un niveau supérieur, cette zone est presque toujours dépourvue de fossiles. Nous y avons recueilli cependant, à deux reprises différentes, des débris de carapaces de tortues, mais nous ne pouvons affirmer qu'ils s'y trouvaient en situation normale et ne provenaient pas d'un éboulement partiel des sables plus élevés. Ces pièces sont très-incomplètes, mais le genre auquel elles appartiennent est bien

---

[1] Depuis l'achèvement de cette notice, un nouveau chemin, tracé (en mai 1870) à l'extrémité ouest de la carrière, pour faciliter le transport des matériaux d'extraction, nous a permis de constater nous-même la position relative de ces deux couches. Nous y avons vu, sous les sables blancs, à partir du lit à *Cardium Porrulosum et obliquum*, etc., les divers bancs calcaires et sableux qui constituent la majeure partie de la couche à turritelles. Cette zone se complète à vingt pas de là, un peu plus bas, par un lit de sable glauconieux, offrant un assez grand nombre de *Cardita planicosta*.

reconnaissable. Elles nous autorisent à constater dès à présent, dans l'*assise des sables de Cassel*, la présence d'une espèce du *genre Chelonia*, de petite taille, comme la plupart de celles que M. Owen a décrites et indiquées en Angleterre dans le *London-Clay*.

M. Preudhomme de Borre a signalé dernièrement le même fait pour les sables de Bruxelles, dans lesquels on ne connaissait antérieurement que l'*Emys Cuvieri*, rapprochement sur lequel nous insisterons plus tard en faisant la comparaison de ces deux assises[1].

Au-dessus des sables blancs se développe une succession de bancs de grès, les uns quartzeux, les autres calcaréo-sableux, alternant avec divers lits de sables, le tout surmonté d'une couche d'argile sableuse dont l'âge était resté jusqu'ici indécis. La question nous semble aujourd'hui résolue, mais elle exige des détails qui nous obligent à la reporter un peu plus loin.

Disons, dès-à-présent, que cette dernière formation, qui atteint presque le sommet de la tranchée, termine en ce point la série des couches rapportés à l'Eocène moyen et comprises dans notre division locale dite des *sables de Cassel*.

Ces couches peuvent, comme les précédentes, se grouper en plusieurs zones, séparées par des ravinements ou différant par leur faune et leur caractère minéralogique.

Zone de l'argile sableuse glauconifère. La première, c'est-à-dire la plus élevée, comprend l'argile sableuse dont on vient de parler, visible sur une épaisseur de trois à quatre mètres et limitée à sa base par une bande de glauconie très-apparente.

1re zone des sables fins à Nummulites variolaria. La zone immédiatement inférieure est formée de deux lits minces d'un sable gris-verdâtre, fin et d'un banc siliceux contenant une grande quantité de *Nummulites variolaria, Ostrea inflata, Dentalium Deshayesianum* et des petits bivalves indéterminés.

[1] La description de ces débris de Cheloniens se trouve reportée, avec quelques autres détails du même genre, à la fin de ce travail.

C'est, dans l'ordre que nous suivons, le premier niveau où apparaît la *Nummulites variolaria ;* son épaisseur est de 0^m50.

Sous la zone précédente se montre un lit de sable un peu moins fin, de couleur jaune-verdâtre, sans fossiles, mêlé fréquemment de petits grains de quartz anguleux et ravinant profondément la couche suivante. *Zone des sables Laekéniens sans fossiles.*

Peu épaisse vers le centre de la tranchée, où elle ne dépasse pas en hauteur plus de 0^m40, cette zone se développe davantage à l'est et surtout à l'ouest de la carrière ; là elle prend une importance de 2 à 3^m aux dépens de la zone suivante, dont la partie sableuse et les bancs solides sont irrégulièrement entaillés et rompus, sur une étendue de 6 à 7 mètres.

A la zone des sables sans fossiles en succède une autre beaucoup mieux développée ; celle-ci se distingue de la précédente par la stratification et par les caractères ci-après : elle est formée d'un sable calcareux, gris-jaunâtre ou verdâtre, doux et fin, présentant à profusion la *Nummulites variolaria*, caractéristique dans notre contrée de la partie fossilifère de l'assise laekenienne. *2e zone formée de sables fins, calcareux, à Nummulites variolaria, avec Nautilus Burtini et Cerithium giganteum*

On y remarque encore l'*Ostrea inflata*, constituant des bancs siliceux et deux lits presque uniquement formés, l'un : *de Nautilus Burtini,* l'autre : *de Cerithium giganteum*, à l'état de moules.

Cette zone, épaisse de 7^m environ, offre à sa base une délimitation bien arrêtée : le sable toujours fin qui la termine, en stratification généralement ondulée, présente à sa partie inférieure, avec la *Nummulites variolaria*, la *Terebratula Kickxii*, et d'autres fossiles communs au même niveau, des *Nummulites lævigata* et *scabra* et d'autres types appartenant à la division suivante. Ces dernières nummulites sont tantôt libres, tantôt agglomérées en forme de galets et reposant en poches dans les dépressions du banc coquillier qui ouvre la série suivante [1] ; dans ce dernier cas elles sont usées, arrondies à leurs angles et

[1] Ces faits sont particulièrement faciles à observer à Cassel, dans la deuxième carrière Riquart.

manifestement roulées ; des dents de squales et de myliobates les accompagnent dans les mêmes conditions.

Ces détails indiquent un trouble évident dans la sédimentation et marquent entre la zone qui nous occupe et celle qui lui succède une ligne séparative très-importante : celle qui fixe la base du système laekénien de Dumont.

La *Nummulites lœvigata*, caractéristique du système bruxellien du même géologue et de la Section de la glauconie du calcaire grossier, dans le bassin de Paris, donne son nom à la zone qui suit.

Zone à *Nummulites Lœvigata*

Celle-ci, dont l'importance est de 1^m30, comprend un banc solide à surface fréquemment corrodée, formé pour ainsi dire d'un conglomérat siliceux de coquilles et une couche de sable jaune-grisâtre, à grains moyens, légèrement glauconieux. La *Nummulites variolaria* ne s'y montre plus, mais les *Nummulites lœvigata* et *scabra* y abondent; avec ces foraminifères apparaissent d'autres formes que l'on ne rencontre pas dans les groupes supérieurs : le *Cardium porrulosum*, la *Cardita planicosta*, l'*Ostrea flabellula*, des crassatelles, des petoncles, etc.

Zone à *Lenita patelloïdes* et à *Rostellaria ampla.*

La zone suivante comprend les derniers lits alternatifs de grès et de sables fossilifères, épais de trois mètres environ, qui reposent sur les sables blancs sans fossiles décrits plus haut. Le nombre des bancs de grès n'y est pas constant; on en compte, dans la carrière, deux ou trois généralement quartzeux, plus ou moins fossilifères, parmi lesquels on rencontre fréquemment, dans le dernier surtout, d'assez nombreux moules d'un grand rostellaire, le *Rostellaria ampla*.

Les sables quartzeux grisâtres, interposés entre les premiers bancs se distinguent encore par la présence d'une très-grande quantité de coquilles, de bivalves surtout, excessivement friables et impossibles à recueillir à moins de les agglutiner ou de les silicatiser sur place; de plus, un petit oursin, la *Lenita patelloïdes*, y est assez commun. L'*Ostrea flabellula* se montre aussi dans les grès les plus élevés.

Les six dernières zones dont nous venons d'esquisser rapidement les principaux caractères ont dans la carrière une importance d'environ 20ᵐ ; réunies aux sables blancs et à la couche à Turritelles, elles constituent dans notre contrée l'étage des sables de Cassel. Les quatre divisions supérieures comprennent, comme on l'exposera plus loin, notre assise laekenienne ; les quatre autres : l'assise bruxellienne.

La plus élevée de toutes ces couches, l'argile glauconifère, est recouverte à son tour par des grès ferrugineux et des sables rouge-brun généralement assez gros, déjà signalés à Watten et que l'on retrouve au sommet de la plupart des collines de la Flandre. Cette dernière formation se développe sur une épaisseur de 9ᵐ environ dans la partie conique qui termine le mont : elle appartient à l'assise des *sables de Diest*. Assise
des
Sables de Diest

L'élément sableux en est facile à reconnaître sous les bois qui couvrent le faîte de la colline, mais les bancs de grès y sont moins apparents : ces derniers se trouvent mieux à découvert sur les flancs du mont Cassel, où ils sont exploités dans quelques carrières pour l'empierrement des chemins, et surtout au Mont-des-Chats, et à Boëschepe, où ils forment de puissantes assises.

Au contact de l'argile et des sables de Diest on voit sourdre fréquemment, aux Récollets, de petites sources d'eau limpide ou ferrugineuse qui courent le long des sentiers et vont se perdre plus bas sous la végétation.

Avant d'aborder les détails complémentaires de cette coupe, passons aux indications annoncées plus haut sur l'âge de l'argile glauconifère. Cette masse d'argile sableuse constitue, rappelons-le, dans le haut de la tranchée, une couche continue ayant pour base une bande de glauconie noire mêlée de sable grossier et graveleux, épaisse de 30ᶜ, que les ouvriers désignent sous le nom de *Bande noire*. Age de l'arg
glauconifer

Par ses caractères minéralogiques, cette couche diffère des sables fins à *Nummulites variolaria* sur lesquels elle repose, et la bande noire, quelquefois ondulée, accentue encore cette différence au point de contact ; d'autre part, aux Récollets, l'argile est recouverte immédiatement par les sables de Diest, et sur le prolongement de la chaîne, au Mont-Rouge et au Mont-Aigu notamment, par des sables inférieurs aux précédents, dépourvus de fossiles et sans caractère bien précis, mais sans mélange d'argile ni de glauconie, avec une ligne séparative de galets à leur base.

Ce dépôt paraissait donc, jusqu'à un certain point, isolé. De plus, il ressort des indications de la carte de Dumont, que ce géologue a considéré son prolongement dans les collines belges de notre voisinage comme appartenant à son système tongrien inférieur, c'est-à-dire à une division miocène. La question était donc épineuse et intéressante à résoudre.

Voyons d'abord les opinions émises à ce sujet.

M. Meugy, qui le premier s'est occupé de la couche en question dans le département, se basant principalement sur des considérations stratigraphiques, l'avait classée, comme Dumont, dans le système tongrien.

Après lui, sir Ch. Lyell ayant noté à Cassel, en une carrière aujourd'hui fermée (carrière Caton), la présence dans la bande noire de l'*Ostrea inflata* et de la *Nummulites variolaria*, et reconnu dans l'argile elle-même d'autres types tels que le *Pecten corneus* et le *Cardium semigranulatum*, avait déduit de ces indices « que la *bande noire* rappelait les couches laekéniennes de Belgique, et que la glauconite supérieure, c'est-à-dire notre argile sableuse, correspondait peut-être à une division supérieure de la même assise. » Au Mont-Noir, ce géologue avait fait une remarque analogue pour l'argile.

L'opinion que Sir Lyell émettait ainsi, avec quelque réserve, nous paraît confirmée pleinement par le résultat de nos recherches. Celles-ci, en effet, nous permettent de généraliser les observations précédentes et de leur donner une plus grande portée.

Au Mont-Aigu (Belgique), d'une part, nous avons retrouvé dans la bande noire de nombreux fossiles laekeniens; pour l'argile, nous avons constaté le même fait dans plusieurs carrières de Cassel, aux Récollets (grande carrière Grandel), puis au Mont—Noir, en deux points différents : le *Pecten corneus,* l'*Ostrea inflata,* le *Cardium Edwarsii,* figuraient parmi les formes les plus reconnaissables dans ces divers gisements, et jamais, au contraire, on n'y a rencontré de types miocènes. Au Mont-Noir, les fossiles en question, généralement mal conservés, sont très-abondants. Tous nos échantillons ont été soumis à M. Nyst, qui a bien voulu les déterminer et ils appartiennent, suivant les propres expressions de ce juge si expérimenté « aux sables du calcaire grossier et probablement au laekénien. » En voici quelques-uns parmi les plus communs dans les localités qui viennent d'être citées :

Corbula pisum, Sow.	*Leda galeottiana,* Nyst?
Venus suberycinoïdes, Desh.	*Ostrea inflata,* Lk.
Venus sulcataria, Desh.	*Ostrea flabellula,* Lk.
Cardium Edwarsii, Dosh.	*Voluta spinosa,* Lk.
— *asperulum?* Lk.	*Bulla Parisiensis,* Lk.
— *porrulosum,* Lk.	*Stalagmium Nystii.*
Lucina pulchella, Agas.	*Lunulites radiata,* Lk.
Nucula Parisiensis, d'Orb.	— *urceolata,* Lk.?
Pecten corneus, Sow.	

En Belgique, dans la suite de la chaîne, à part le Mont-Aigu, ces fossiles n'ont guère laissé de traces; mais l'argile et la bande noire se prolongent au Mont-Rouge, à Kemmel et au Mont-Aigu avec les mêmes caractères minéralogiques et en situation semblable; plus loin, au nord-est, nous les avons revues à Bæleghem reposant sur les sables à *Nummulites variolaria,* et peut-être affleurent-elles encore vers Eecloo. A Bruxelles, c'est probablement encore un dépôt sableux du même âge qui recouvre les sables lackéniens sans fossiles de la Chaussée-Louise.

L'origine laekénienne de cette zone nous paraît donc démontrée, dans les limites du département, par les indications de sa faune et sur une partie de son prolongement à l'étranger,'par ses rapports identiques de gisement et de composition.

Série des couches visibles dans la tranchée de la Grande-Carrière. Complétons cet aperçu général par une description plus détaillée de la coupe offerte par la carrière; voici ce que l'on y relève, dans sa partie centrale, à partir du sommet, sous les roches et sables de Diest : (voir fig. 9, p. 60).

1° L'argile sableuse jaunâtre déjà décrite, plus ou moins mêlée de glauconie, celle-ci tantôt en petits nids, tantôt à l'état de minces filets irrégulièrement dispersés dans la masse, et surtout vers sa base. Sa faune la rattache au Laekenien; son épaisseur visible est de 4^m et nous l'avons évaluée dans son entier à ⟶ 15^m »

2° Bande de glauconie sableuse, dite *bande noire*, déjà décrite, parfois fossilifère, en stratification ondulée sur la couche suivante . . . . ⟶ » 30

3° Petit lit sableux gris verdâtre, à grains fins presqu'entièrement formé de coquilles bivalves, la plupart brisées (Venus, etc.) . . . . ⟶ » 05

4° Conglomérat à ciment siliceux, assez dur, d'*Ostrea inflata*, de *Nummulites variolaria, Dentalium Deshayesianum, Turritella imbricataria*, etc. . . . . ⟶ » 40

5° Lit de sable gris verdâtre semblable au N° 3, pétri de petits fossiles généralement brisés avec *Dentalium, Nummulites variolaria*, etc . . . . ⟶ » 05

6° Lit de sable demi-fin, jaune verdâtre, offrant des strates horizontales très-rapprochées, sans fossiles, se prolongeant sur une longueur de $1^m 50^c$ et reposant en discordance sur le sable suivant. . . . . ⟶ » 40

A reporter . . . 16 20

Report . . . 16^m 20

7° Sable légèrement calcareux, doux et fin, gris jaunâtre, pétri de fossiles, notamment de *Venus nitidula*, *Dentalium strangulatum*, et de *Nummulites variolaria* . . . . » 35

8° Lit de sable semblable, mais où les mêmes fossiles encore abondants sont moins pressés ; on y remarque surtout la Nummulite précédente et de nombreuses coupes de coquilles bivalves très-friables . . » 70

9° Lit pressé et légèrement concrétionné par un ciment sableux d'*Ostrea inflata*, de la Nummulite déjà décrite et de bivalves. . . . . » 20

10° Sable avec *Nummulites variolaria* principalement, de même nature que le lit N° 8. . . . . . . » 70

11° Lit sableux avec la même Nummulite et de petits bivalves très-rapprochés les uns des autres . . . » 10

12° Couche de sable toujours de même nature avec la Nummulite très-abondante à sa partie inférieure, offrant un lit semblable au précédent vers son centre. 1 »

13° Banc de grès siliceux, gris-verdâtre, à fossiles peu reconnaissables et rares. . . . . » 25

14° Sable fin avec abondance de *N. variolaria*. . 1 50

15° Banc calcareo-sableux, peu solide, offrant surtout un grand nombre de moules de *Nautilus Burtini*, parfois recouverts encore d'une partie de leur test. . » 30

16° Sable encore très-riche en *Nummulites variolaria* ; citons-y encore les fossiles ci-après qui se montrent déjà dans la couche 14 et dans le sable concrétionné qui remplit les Nautiles :

A reporter . . . 21 30

Report . . . 21ᵐ 30

Pecten multistriatus, c.	*Lucina divaricata*,
Natica,	*Terebratula Kickxii*,
Corbula gallica,	*Lucina* (grande),
Lunulites radiatus,	*Crassatella*,
Anomia lævigata,	Osselets d'astérie roulés, cc.
Venus nitidula, c.	*Solarium Nystii* 1 10

Indiquons encore dans un Nautile de notre collection la présence de fragments de bois silicifiés, se divisant en feuillets minces et rappelons qu'au début de cette zone on a parfois recueilli à Cassel des fruits de *Nipadites*.

17° Banc calcareo-sableux, presqu'entièrement formé de moules très-communs de *Cerithium giganteum*. La nummulite précédente abonde encore dans la roche qui constitue ces moules. . . . . » 25

18° Sable toujours fin et doux, jaune-verdâtre, où l'on rencontre à'la partie moyenne avec la *Nummulites variolaria* toujours très commune, des *Nummulites lævigata*, à l'état libre comme les précédentes mais roulées, et vers la base, au contact du banc qui suit : des agglomérations de cette dernière Nummulite sous la forme de galets roulés et usés . . . . 1 »

Ce sable ravine le banc de grès sur lequel il repose; nous y avons recueilli les fossiles qui suivent :

Nummulites variolaria, c. c.	⎧ *plebeius*,
— *lævigata*, c. c. *Pecten*	⎨ *corneus*,
— *scabra*, c.	⎩ *multistriatus*,
Solarium Nystii,	*Turbinolia sulcata*,
Terebratula Kickxii,	*Dentalium*,

A reporter . . . 23 65

Report . . . 23ᵐ 65

Terebratula, autre espèce plus petite,	Dents de Lamma elegans, etc.
Échinolampas galeottianus,	Dents de Mylobates,
Venus,	d'OEtobates,
Osselets d'Asteries,	Dents d'Otodus obliquus,
Lunulites radiata,	— de Cacharodon
Lucina contorta?	disauris . . . . . » »

19° Banc de fossiles agglomérés par un ciment siliceux, à surface fortement corrodée, passant au grès verdâtre par place ; on y distingue surtout :

Nummulites lœvigata, en petits blocs, roulés, c. c.	Pecten plebeius,
	Cardium porrulosum,
Nummulites scabra, c. c.	Ostrea flabellula,
Cardita planicosta, c.	Ostrea gigantica,
Crassatella, c. c.	Pectunculus pulvinatus. » 30

La surface de ce banc forme la limite inférieure du niveau à Nummulites variolaria.

20° Sable jaune-grisâtre, à grains moyens, un peu glauconieux, bien distinct de celui du niveau précédent; nous y avons recueilli :

Nummulites lœvigata, libre, c.	Crassatella,
— scabra, c. c.	Ostrea flabellula, c. c.
— Heberti, c.	— virgata, c. c.
Terebellum,	— Cymbula,
Venus, deux espèces,	Dents de Myliobates
Cardium porrulosum, c. c.	roulées.
Cardita planicosta. . . . . 1 »

21° Banc dur, irrégulier, à ciment siliceux, passant quelquefois au grès lustré, d'autres fois uniquement formé de Venus e de Crassatelles formant un

A reporter . . . 24 95

| | Report . . . | 24 | 95 |

conglomerat sableux, ou manquant tout à fait. . . . » 30

22° Sable quartzeux, glauconieux, jaune-grisâtre, pétri de fossiles à l'état friable, de *Venus lævigata* notamment dont le test, très-bien conservé en apparence, se réduit en poussière au moindre contact . . 1 30

23° Banc sableux-jaunâtre de peu de consistance, constituant un grès à cassure peu nette, où l'on peut recueillir :

Corbula gallica,	*Voluta,*
Natica,	*Ostrea flabellula,*
Fusus (de petite taille),	*Cardita,*
Serpula,	*Pectunculus.* . . . . . »

24° Sable semblable au précédent ; très-peu de fossiles, à part la *Lenita patelloïdes*, disséminée un peu partout dans la zone.. . . . . » 40

25° Dernier banc de grès dur, formé d'un sable grossier, on y trouve :[1]

Rostellaria ampla,	*Natica patula ?*
— autre espèce,	*Tellina triangularis,*
Fusus,	*Ostrea flabellula,*
Conus,	*Panopæa intermedia.* » 30

26° Sable jaune-grisâtre, offrant très-peu de fossiles. . . . . » 35

27° Sable blanc, quartzeux, mêlé d'un peu de glauconie, avec débris de carapaces de *chelonia*, partie visible 2 à 3ᵐ, épaisseur totale 4 50

| | 33 | 35 |

[1] On y rencontre parfois les *Rostellaria ampla* en nids ou en couches pressées, presque toujours à l'état de moules, mais ayant conservé une partie de leur aile, remarquable par son développement exceptionnel. Le musée de Lille possède un bel échantillon de cette roche, criblé de Rostellaires.

Une dernière observation terminera la description déjà bien longue de cette carrière.

Les bancs de grès plus ou moins siliceux ou calcareux, intercalés parmi les sables, disposés horizontalement et à intervalles réguliers dans presque toute l'étendue de la tranchée, s'infléchissent brusquement et se rapprochent à ses deux extrémités, vers le point où s'arrête le développement en largeur de cette partie de la colline.

Ce mouvement des bancs solides s'explique facilement par l'éboulement des sables qui les supportent et par l'effet des ravinements successifs auxquels le mont doit sa forme actuelle. Ainsi, aux deux extrémités de la tranchée, mais au sud-est particulièrement, on remarque, sous le diluvium qui, du niveau des premières couches de sables à *Nummulites variolaria*, s'étend jusqu'à la base du mont : un dépôt de sable fin, éboulé, recouvrant l'extrémité brisée des bancs et rempli de fossiles appartenant à la deuxième zone à *Nummulites variolaria*, lequel est fortement raviné à son tour par le sable laekénien sans fossiles.

Le sable laekénien sans fossiles, peu important comme on l'a vu au centre de la tranchée, acquiert sur ses bords une épaisseur de plusieurs mètres et y présente une ligne de stratification très-mouvementée. On verra plus loin que des ravinements remarquables se reproduisent en Belgique à ce niveau et qu'ils ont motivé pour MM. Dewalque et Le Hon une délimitation de l'assise laekénienne, différente de celle établie primitivement par Dumont. D'autres considérations, développées dans le résumé comparatif qui termine cette étude, nous ont conduits à porter, comme ce dernier auteur, la limite des dépôts laekeniens au ravinement bien accusé qui sépare les couches à *Nummulites variolaria* de celles à *Nummulites lœvigata*, en Belgique aussi bien que dans notre département.

Route
de Steenwoorde
Seconde carrière
Grandel.
La seconde carrière Grandel est ouverte du côté opposé du
mont, vers le nord ; on y parvient par le chemin qui la relie
à la route de Steenwoorde, ou par un sentier sous bois,
tracé à mi-côte entre les deux exploitations. Ce dernier, un peu
accidenté, a l'avantage de couper la couche à turritelles et le
laekenien, offrant ainsi vers le milieu du trajet une preuve de la
Continuité
des couches
dans la partie
du mont qui
s'étend entre les
deux carrières. continuité des couches entre les deux carrières. En effet, en
pénétrant au milieu des arbres et des taillis, qui s'élèvent à
droite sur ce côté abrupte de la colline, on retrouve dans une
ancienne excavation les sables fins à *Nummulites variolaria* bien
développés, avec un banc siliceux presqu'entièrement formé
d'*Ostrea inflata*, *de Dentalium* et de *Nummulites variolaria*.

Dans les sables nous avons, en outre des fossiles précédents,
recueilli des pointes d'oursins, *le Solarium Nystii* roulé, *le Pecten
plebeius* et *la Terebratula Kickxii*.

Au-dessus, la bande de glauconie dite *bande noire* supporte
3^m d'argile sableuse jaunâtre (laekenienne), ravinée par 1^m de
diluvium formé de galets brisés et de fragments de roches de
Diest.

On voit donc en ce point le prolongement des dépôts supérieurs relevés dans la tranchée précédente. La zone des sables
laekeniens non fossilifères ne s'y remarque pas, mais ceux dans
lesquels la petite Nummulite abonde y sont très-étendus.

Aspect général
de cette carrière.
L'aspect de la seconde carrière (voir la figure N° 10 ci-contre),
diffère en quelques points de celui de la précédente. A droite,
sous 1^m à 1^m50 d'argile sableuse glauconifère, apparaissent des
bancs alternatifs de sables et de calcaire sableux, fossilifères,
analogues à ceux de la grande carrière, se développant sur une
hauteur de 5 à 6^m et reposant sur les sables blancs sans fossiles,
zone entaillée, çà et là, sur une épaisseur de quelques mètres
et formant partout la base de la tranchée.

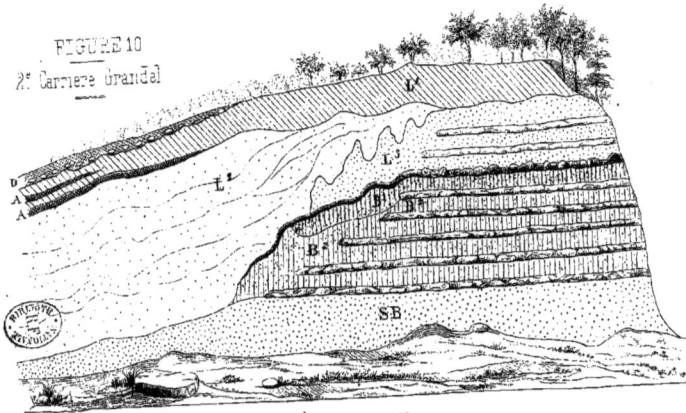

FIGURE 10

2ᵉ Carrière Grandel

LÉGENDE

D	Diluvium	L²	Sable Lackenien sans fossiles	SB Sable blanc sans fossiles
L¹	Argile sableuse Lackenienne	L³	d° d° à Nᵐˢ variolaria	Nᵒˢ 1 à 8 Bancs calcareo sableux
A	Bande noire	B¹	Zone à Numᵐˢ Lœvigata	intercalés dans les sables fossilifères
		B²	Sable à Ienita patelloïdes	

Arrêtées brusquement de ce côté au bord du talus coupé à pic, où débouche le petit chemin dont il a été question en dernier lieu, ces couches diminuent progressivement d'étendue vers la gauche, où les bancs de grès calcareux, rompus à leur extrémité, semblent s'échelonner en gradins irréguliers. Cette partie de la carrière offre en effet les traces d'un ravinement considérable. Toutes les zones fossilifères, depuis celle à *Nummulites variolaria* inclusivement jusqu'à la limite des sables blancs, y ont été enlevées et se trouvent remplacées par un volume égal de sables gris-jaunâtre, légèrement glauconieux, demi-fins, sans fossiles, qui constituent de ce côté, sur un large espace, le prolongement de la colline.

Cette masse de sables dans laquelle on distingue encore des lignes de stratification ondulées, indices de l'agitation des eaux qui les tenaient en suspension, repose également en stratification discordante sur les sables blancs; elle est recouverte, suivant une ligne irrégulière, par le prolongement de l'argile *laekenienne* qui bientôt présente au contact une *bande noire* dédoublée, épaisse de 0m40; sur le tout apparaît une petite couche de *diluvium* dont les éléments se composent de sables grossiers rouges ou de sables laekeniens remaniés, de galets de silex et de roches de Diest.

Sables Laekeniens sans fossiles.

Par sa position comme par ses caractères minéralogiques, cet important dépôt (L', fig. 10), correspond à la zone des sables laekeniens sans fossiles, dont la présence a été constatée déjà sur les flancs du mont dans la grande carrière; antérieur à l'argile laekenienne qui le recouvre il est, d'un autre côté, d'un âge plus récent que la plus élevée des couches fossilifères sur lesquelles il s'appuie; or, cette dernière correspond, comme on va le voir, à la deuxième zone des sables laekeniens fossilifères, au dessus de laquelle des sables minéralogiquement identiques à ceux-ci jouent le même rôle de l'autre côté du mont.

Zone des
sables et bancs
fossilifères
à Nummulites,
Nautilus Burtini,
Cerithium gigan-
teum.

En effet, si l'on examine de plus près la succession des sables
et des bancs de grès indiquée sur la droite, on remarque à la
partie supérieure, séparés par des lits de sables fins calcareux,
à *Nummulites variolaria,* le banc de grès calcareo-sableux
caractérisé par la présence du *Nautilus Burtini* et le banc à
Cerithium giganteum correspondant aux couches 14 à 18 de la
grande carrière. (Voir figure N° 9).

La *Nummulites lævigata* commence à se montrer vers la base
du sable immédiatement inférieur aux Cérithes, ici elle est usée,
quelquefois libre, mais généralement en petites agglomérations
affectant la forme de galets roulés, et plus ou moins engagées
à la surface du banc solide qui suit (banc N° 3, fig. 10).

Ce banc, constitué par un calcaire sableux, forme, comme
dans la grande carrière, avec la couche de sable qui le supporte,
la zone bruxellienne la plus élevée, caractérisée par la *Nummulites lævigata* en place. Sa surface porte des traces d'érosion et
présente dans ses dépressions quelques dents de squales et des
fossiles laekeniens et bruxelliens roulés.

Dans l'épaisseur de la zone reparaissent en abondance les
fossiles indiqués au même niveau dans la carrière précédente :
*Cardita planicosta, Cardium porrulosum, Ostrea flabellula,
Nummulites scabra, lævigata, Heberti,* etc.

Sur la gauche, l'extrémité du banc N° 3 se désagrège insensiblement, et après avoir décrit au milieu de la partie inférieure
du sable à *Nummulites variolaria* une ligne très-mouvementée,
va se perdre en s'amincissant vers la base de la zone laekenienne
sans fossiles (L²). L'extrémité de cette ligne, pareillement ondulée, est marquée presqu'exclusivement par des *Nummulites
lævigata* et *Heberti* roulées et plus ou moins altérées.

Notons incidemment que la dernière de ces Nummulites, qui
a beaucoup de ressemblance avec la *Nummulites planulata,* surtout quand elle est altérée, se rencontre fréquemment vers la base
du sable laekénien sans fossiles, dans les localités où ce dernier

a remanié la zone laekenienne fossilifère, observation que nous avons vérifiée en Belgique comme dans la chaîne de Cassel.

La zone suivante est bien développée; cinq bancs de grès (4 à 8) correspondent aux 3 derniers de la carrière précédente. Le sable qui les sépare est quartzeux, à grains moyens, mêlé d'un peu de glauconie, gris-jaunâtre d'abord, puis blanchâtre.

Zone à Lenita patelloïdes et à Rostellaria ampla.

Plus bas se montre le sable quartzeux plus pur, désigné déjà sous le nom de *sable blanc sans fossiles*.

Sable blanc sans fossiles.

Entre le 4° et le 5° bancs solides se reproduit le lit de coquilles si fragiles indiqué dans la grande carrière (couche N° 22).

À part le nombre des bancs de grès, moins complet dans la partie supérieure de cette série et relativement plus développé à sa base, on peut donc constater la parfaite analogie de ces couches aux deux points extrêmes du mont. Si l'on ajoute à cette donnée l'indication relevée dans le petit chemin qui relie à mi-côte les deux exploitations, on peut en conclure que les mêmes dépôts se prolongent avec une certaine continuité dans toute la longueur de la colline des Récollets.

Rapport entre cette série de couches et celle de la Grande-Carrière.

Les fossiles de la zone à *Rostellaria ampla*, que nous avons indiqués très-sommairement en dernier lieu sont les mêmes en général dans les deux points qui viennent d'être mis en parallèle.

Mentionnons de plus parmi ceux de la dernière sablière un moule intérieur de l'*Ovula Gisorsiana* Desh., de grande taille (105^{mm} de haut, sur 102^{mm} de diamètre maximum); il est bien conservé et porte des traces de test. Il nous a été remis sur place par un ouvrier, comme recueilli à la hauteur du banc de grès N° 5, dans la zone des sables laekeniens sans fossiles (L²), indication qui a été confirmée par la nature du sable assez fin qui en remplissait encore les dépressions. Son bord droit offre près de la bouche une impression très-nette laissée par un bryozoaire[1].

[1] Cet échantillon est le second que l'on ait trouvé jusqu'ici, à notre connaissance, dans les carrières de Cassel. Le petit musée que les étrangers peuvent visiter à l'hôtel-de-ville de cette résidence en possède un autre,

Sablière à la
pointe nord
du mont.
Glauconie
du
mont Panisel.

Nous allons terminer cette description des Récollets par quelques indications complémentaires, recueillies dans la dernière exploitation située à l'extrémité nord du grand axe du mont, puis dans le chemin qui en contourne la base vers l'est.

Les couches que l'on rencontre en ces deux points ont déjà été vues partiellement à la briqueterie et au pied de la grande carrière; elles sont bien développées de ce côté de la colline.

La sablière se trouve au niveau le plus inférieur exploité aux Récollets; elle aboutit, comme on l'a relaté déjà, à la route de Steenvoorde.

On y voit sous le diluvium une masse de sable gris-jaunâtre ou verdâtre, glauconieux, assez doux au toucher, à grains moyens, épais de 2 à 3^m, semblable à celui du talus de la briqueterie, et correspondant à peu près à la même altitude.

La parfaite ressemblance minéralogique des deux sables et leur concordance de niveau permettent de les assimiler complètement; nous rangerons donc également les derniers dans l'assise de la *glauconie du mont Panisel.*

plus petit et moins bien conservé; mais, comme les quelques autres pièces du même gisement, telles que roches et coquilles, que l'on y trouve rassemblées, ce fossile ne porte aucune indication d'espèce ni de niveau.

Il sera question plus loin d'un autre moule de cette *Ovula* cité dans l'ouvrage de M. Meugy; ce dernier échantillon a été recueilli à Boëscheppe, et selon les indications fournies par cet auteur, dans notre zone bruxellienne la plus inférieure, la couche à turritelles.

Jusqu'en ces derniers temps, toutefois, la détermination de cette pièce n'avait pas été fixée; M. Meugy était disposé à y voir un spécimen du *Strombus giganteus* et les géologues anglais, auxquels on l'avait communiquée, la rapprochaient de la *Cypræa Coombii*; M. Lyell, qui en parle aussi dans son étude sur les environs de Cassel, l'avait désignée simplement sous le nom générique d'*Ovula.* C'est M. Gosselet qui, l'ayant remarquée parmi les fossiles abandonnés au musée de Lille par M. Meugy, en a étudié les caractères et l'a reconnue conforme à l'espèce de Gisors, telle que l'a décrite M. Deshayes, et comme nous l'avons vue en nature dans la collection si remarquable de l'Ecole des Mines, à Paris.

Au sortir de cette carrière on trouve, en se dirigeant vers l'est, le petit chemin contournant de ce côté le pied du mont. A une centaine de pas, la route, d'abord ombragée par les taillis et les arbres qui forment la lisière du bois, débouche sur un vallon d'où l'on découvre parfaitement à l'horizon la silhouette du mont des Chats. Là, en face d'une petite habitation, un talus élevé de 2 à 3^m présente, sur une longueur de 10 à 12 mètres, les indications suivantes :

Observations faites dans le chemin contournant à l'est la base du mont.

C'est d'abord du sable jaune-verdâtre, à grains moyens, très-glauconieux, offrant une quantité considérable de coupes de fossiles dont le test blanchâtre tranche sur la teinte foncée du sable. On y remarque surtout des turritelles, notamment la *Turritella edita*, quelques *Fusus* de 5 à 6 centimètres de longueur, l'*Ostrea flabellula*, très-abondante, et des restes de *Cardita planicosta*.

Sable vert et bancs calcareo-sableux de la zone à turritelles.

Cette couche, d'une hauteur de 3^m, forme d'abord à elle seule toute la partie découverte du talus, mais à quelques pas plus loin elle présente à son sommet une ligne interrompue, au contact de laquelle apparaissent, intercalés et séparés par un intervalle de 0$_m$60, deux bancs fragmentaires, épais de 0^{m}40 chacun, consistant en calcaire sableux gris-blanchâtre, parsemé de grains de glauconie et où se montrent quelques *Cardium porrulosum*, *Cardium obliquum* et des *Turritelles* à l'état de moules calcaires.

Calcaire sableux à *Cardium obliquum*.

Un peu plus loin, la même roche se représente irrégulièrement au sommet du talus, tantôt reposant sur le sable vert à turritelles, tantôt intercalée dans ce dernier, et plus ou moins abondante en fossiles.

On reverra la même zone bien développée encore à Cassel, dans un sentier qui passe au nord-est sous la hauteur du cimetière, et à la base des collines qui font partie de la chaîne du mont des Chats. Elle suit, comme on l'a dit déjà, dans la série de nos terrains, les *sables blancs sans fossiles* et forme la base du Bruxellien dans notre région, comme dans la partie belge du bassin.

B. — MONT CASSEL.

Le Mont-Cassel est sillonné de routes et de chemins divers. C'est dans le voisinage des grandes voies que sont situées les principales carrières où l'on exploite les sables et les grès. Nous décrirons les exploitations dans l'ordre de ces voies, ce procédé permettant au géologue étranger à la contrée d'arriver facilement dans les différents points cités, et d'y vérifier les coupes naturelles et artificielles dont la description fait le sujet de ce chapitre.

ROUTE DE SAINT-OMER.

La station de Cassel, située à la cote 41^m, se trouve au pied même de la montagne, sur le territoire de la petite commune de Bavinchove, et sur la route départementale de St-Omer à Cassel. Nous avons déjà dit qu'un puits, creusé dans les bâtiments de la gare y a rencontré, sous 3^m de limon, la puissante formation de l'*argile des Flandres*.

Vieux chemin de Saint-Omer.

A 300^m de la station, et à gauche de la route dont il vient d'être question, se trouve le chemin vicinal qui mène à Oxelaere, à travers des prairies dont la constante humidité indique encore la nature argileuse du sous-sol. Ce point est à 3^m au dessus du niveau de la voie ferrée.

Entre ces deux voies, un petit chemin de traverse, assez direct, conduit rapidement vers la ville; mais bien qu'il soit encaissé et fréquemment bordé de talus, il donne peu de prise aux observations. On n'y remarque pas autre chose que du sable éboulé ou entraîné par les pluies.

Ce sable repose directement sur l'argile ainsi que nous l'avons pu vérifier en ce point même, à quelques pas d'une habitation isolée.

Le chemin n'offre plus rien d'intéressant jusqu'à la hauteur de 30^m environ. A ce niveau un talus, à gauche, laisse apparaître un autre sable, glauconieux et assez gros. On y reconnaît l'assise paniselienne indiquée à la briqueterie des Récollets.

Sur la grande route qui monte de la gare vers Cassel (route de St-Omer), on rencontre à quelque distance de la ville, en avant des moulins, une grande sablière qui date de 1847. Elle a été longtemps abandonnée ; M. Meugy l'a décrite sous le nom de *carrière Moisson* et elle appartient aujourd'hui à M. Riquart. Carrière Riquart.

Quand cette sablière a été étudiée pour la première fois (1852), on y voyait, dit ce géologue, de nombreuses failles, aux plans parallèles à l'inclinaison générale des strates, et leur direction était approximativement nord 30° est à sud 30° ouest. De cet exemple et de quelques autres, M. Meugy a déduit l'existence à Cassel, de deux systèmes de failles, sensiblement perpendiculaires l'un à l'autre, et affectant les deux formations bruxellienne et tongrienne. Nous ne partageons pas cette manière de voir, car à diverses reprises plusieurs carrières nous ont présenté des apparences de failles, que la suite des travaux d'exploitation a toujours complètement fait disparaître. Ces lignes de rupture, dans des couches presqu'uniquement sableuses, et par conséquent très-mobiles, ne sont, la plupart du temps, selon nous, que le résultat de simples glissements ; elles sont loin d'affecter ici la masse entière de la montagne et ne s'étendent jamais, au contraire, que sur un espace très-limité. Ajoutons que dans cette carrière même, nous avons pu constater, à cet égard, des différences notables, d'une année à l'autre, ainsi qu'on peut en juger par ce qui suit :

6

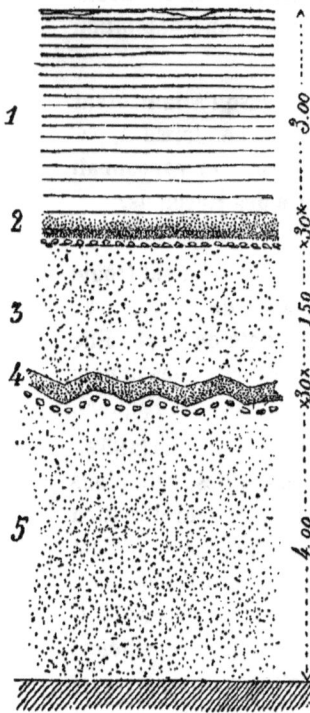

En 1868, le talus principal à l'ouest présentait, comme le montre la figure ci-contre, diverses bandes noires dont une brisée en zig-zag, intercalée dans un sable recouvert lui-même de 3ᵐ30 d'argile sableuse glauconifère des Récollets.

Voici ce que l'on pouvait y relever :

1° Argile sableuse brunâtre, *lae-kenienne.* . . . . 3ᵐ »

2° 1ʳᵉ bande de sable graveleux et glauconieux (bande noire). 0 30

3° Sable gris-jaunâtre, demi-fin, présentant à sa partie supé-rieure un lit horizontal de *Nummulites Heberti* altérées 1 50

4° 2ᵐᵉ bande noire, en zig-zag . 0 30

5° Sable gris-jaunâtre, sembla-ble au N° 3, et surmonté d'un lit de la même nummulite également altérée; partie vi-sible . . . . 4 »

Fig. 11.

Il s'était produit là évidemment, à une certaine époque (diluvienne peut-être?), un glissement partiel de la partie supé-rieure des couches sur le plan de la bande noire. La parfaite analogie des sables 3 et 5 et des nummulites, ne permettait pas de séparer ces deux niveaux de sable. Il en était de même des deux bandes glauconieuses.

La continuation des travaux a donné raison à cette manière
de voir; en effet, en septembre dernier, nous avons de nouveau
visité le même point et il ne présente plus rien d'anormal. Dans
les conditions actuelles ce même talus offre la coupe suivante :

Terre végétale **1**   **00**

Argile sableuse brunâtre (des Récollets): *laekenien* .   **3**   **00**

Bande noire. **0**   **60**

Sable demi-fin, sans fossiles : *laekénien* **1**   **50**

Sable assez grossier, ocreux et légèrement glauconieux, séparé du précédent par un petit lit de *Nummu-*
lites Heberti et *lævigata roulées*. Ce dernier appartient
à la zone des *sables blancs* sans fossiles. **6**   **00**

Dans la même carrière, M. Meugy a vu cette dernière couche
reposant sur la zone à *Turritelles* des Récollets, ce qui justifie
le rapport que nous venons d'établir.

De l'ancienne carrière Moisson, qui vient d'être décrite, jusqu'au sommet de Cassel, le trajet à parcourir est d'environ
700ᵐ. A 200ᵐ au-delà de la bifurcation des routes de St-Omer
et de Watten, en face de la borne hectométrique 40 kilom. 3,
est située la ferme de M. Riquart, par laquelle on trouve accès
dans les pâturages qui couvrent, de ce côté, les pentes du mont.
On y découvre une nouvelle carrière appartenant également à
M. Riquart.

Autre carrière
Riquart.

Cette sablière comble heureusement les lacunes de la précédente, au point de vue des bancs fossilifères surtout, qui traversent la partie moyenne de la montagne pour reparaître à trois
kilomètres de là, dans la grande carrière du mont des Récollets.

Nous y avons relevé la coupe suivante :

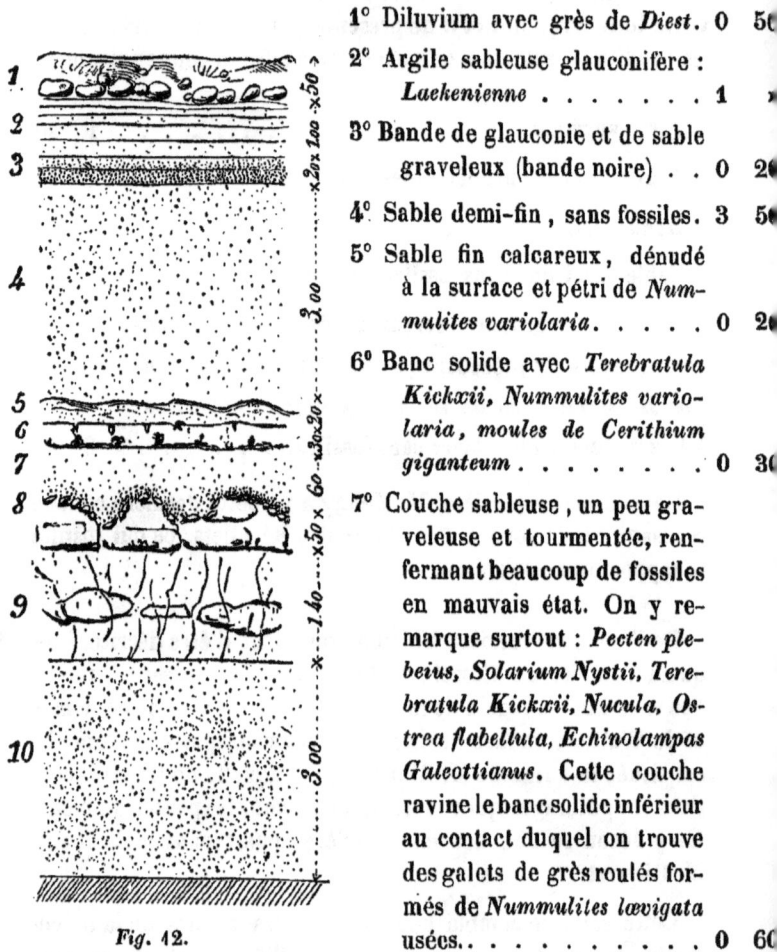

Fig. 12.

1° Diluvium avec grès de *Diest*. 0 50

2° Argile sableuse glauconifère : *Laekenienne* . . . . 1 »

3° Bande de glauconie et de sable graveleux (bande noire) . . 0 20

4° Sable demi-fin , sans fossiles. 3 50

5° Sable fin calcareux , dénudé à la surface et pétri de *Num-mulites variolaria*. 0 20

6° Banc solide avec *Terebratula Kickxii, Nummulites vario-laria, moules de Cerithium giganteum* 0 30

7° Couche sableuse , un peu gra-veleuse et tourmentée, ren-fermant beaucoup de fossiles en mauvais état. On y re-marque surtout : *Pecten ple-beius, Solarium Nystii, Tere-bratula Kickxii, Nucula, Os-trea flabellula, Echinolampas Galeottianus*. Cette couche ravine le banc solide inférieur au contact duquel on trouve des galets de grès roulés for-més de *Nummulites lœvigata* usées.. . . . . 0 60

8° Banc demi-compacte, fragmenté, constitué principalement par des moules et des empreintes de *Cardium porrulosum*,

Cardita planicosta, grandes Crassatelles, *Ostrea virgata* et *cymbula* et quelques *Nummulites lœvigata* et *scabra*   0   50

9° Sable assez fin, quartzeux, renfermant beaucoup de bivalves friables : *Venus* ou *Cythérea*, Petoncles, etc., superposés à un banc irrégulier, siliceux, suivi de sable avec fossiles bivalves, très-fragiles, semblables aux précédents. Ce dernier lit est traversé de ramifications tubulaires formées de sable agglutiné autour de filaments ligneux, ainsi que nous avons pu le constater, dans quelques cas, à Cassel même   1   40

10° Sable sans fossiles, blanc, quartzeux, piqué de quelques grains de glauconie.   3   00

Cet ensemble peut être résumé ainsi qu'il suit :

2 et 3	Eocène moyen	Argile glauconifère.	
4	d°	Zone des sables sans fossiles.	Laekénien.
5 à 7	d°	Zone à *Nummulites variolaria* et *Cerithium giganteum*.	
8	d°	Zone à *Nummulites lœvigata*.	
9	d°	Zone à *Lenita patelloïdes* et à *Rostellaria ampla*, partie supérieure.	Bruxellien.
10	d°	Zone des sables blancs sans fossiles.	

Les bancs 5 à 9 manquent par conséquent dans la première carrière Riquart, située à un niveau physiquement inférieur. Quant à la présence des couches supérieures, elle est due, dans la même exploitation, au glissement en masse, sur le flanc assez escarpé de la colline, des dépôts N°s 2, 3 et 4, qui ne s'y son arrêtés que sur la zone 10 des sables blancs.

SOMMET DU MONT CASSEL.

Sur le versant ouest de Cassel, le sommet du mont, que l'on atteint rapidement au sortir de la carrière précédente, est couronné de nombreux moulins-à-vent. De ce point culminant on découvre une grande partie de la plaine environnante. Au sud se profilent, à l'horizon, les collines du Pas-de-Calais, sorte de digue gigantesque où se sont arrêtés les flots de la mer tertiaire ; à l'ouest s'étend la ligne des dunes qui bordent la côte depuis Gravelines et Dunkerque jusqu'à Furnes ; au nord, aussi loin que la vue peut porter, se prolonge le vaste bassin des Flandres dont rien ne semble arrêter le développement.

Sol de la ville de Cassel.

Assise des sables de Diest.

A cette hauteur, le sol est couvert de sables ferrugineux, jonché de plaquettes de grès de même nature et de silex roulés de la craie. Ces roches appartiennent à l'assise des sables de Diest qui couronne la plupart des collines des Flandres et que l'on retrouve jusque sur la côte anglaise. Elle atteint ici 14^m de puissance, d'après les données recueillies lors du forage d'un puits à proximité du moulin-à-vent le plus élevé de la montagne. Roches et sables sont difficiles à étudier en place, au mont Cassel ; ils couvrent le plateau irrégulier sur lequel la ville est construite et ne descendent pas sur les pentes, si ce n'est à l'état de remaniement diluvien.

Alimentation d'eau de la ville de Cassel.

La plupart des puits domestiques de Cassel prennent l'eau à la base du dépôt diestien, à la surface d'un banc d'argile compacte, imperméable, qu'on trouve généralement dans toute la ville à une profondeur moyenne de 5 à 7^m. [1] Toutefois le puits

---

[1] On peut constater un affleurement de cette argile dans la prairie située derrière le bâtiment de la Gendarmerie, près de la barrière contiguë à la route de Lille.

creusé à la gendarmerie (route de Lille), se trouve dans des conditions particulières; le forage y a été poussé jusqu'à 10ᵐ à travers cette première couche, jusqu'à la rencontre de l'argile glauconifère, qui apparaît dans les carrières; l'eau a jailli jusqu'à 2ᵐ au-dessus du sol. (M. Meugy). L'imperméabilité de ces deux couches conduit à conclure qu'il existe en certains points des sables intercalés entre elles, et constituant ainsi une seconde nappe aquifère.

ROUTE DE WATTEN.

Des travaux de construction effectués sous le moulin situé à côté du cabaret de la *Plate-forme*, sur la route de Watten, à 100ᵐ de son embranchement avec la route de Saint-Omer, nous ont donné l'occasion de voir en place une partie de l'*Assise Diestienne* mise à nu, savoir :

Sous le moulin — Sable de Diest.

Terre végétale, et diluvium.	0 60
Sable assez gros, rouge-brun.	1 50
Lit de silex roulés	0 12
Sable fin, rouge-brun.	0 60

A 500ᵐ du moulin, il existait autrefois dans le coude formé par la route de Watten, une carrière exploitée par le sieur Binaut; elle est aujourd'hui remblayée.

Ancienne carrière Binaut

Un peu plus bas sur la même voie, à 50 pas environ avant l'embranchement de la route de Zermezeele (cabaret de la *Croix-Rouge*) on aperçoit à droite, dans les pâturages, le mur taillé à pic de l'importante carrière Mallet. Elle ne présente, à part certains détails, que ce qui a déjà été vu dans la deuxième carrière Riquart.

Carrière Mallet.

Lors d'une précédente visite, nous avions vu cette sablière traversée par une sorte de faille. Les progrès de l'exploitation l'ont fait disparaître cette année, tandis que se produisaient en apparence deux failles nouvelles, orientées en sens inverse de la première. Cette observation prouve une fois de plus , le peu d'importance qu'il convient de donner à leur direction dans des terrains si mobiles.

La partie supérieure de la carrière offre un diluvium formé de gros blocs de grès ferrugineux irrégulièrement disposés. Ils reposent sur l'argile laekenienne dans laquelle ils pénètrent parfois très-avant. L'exploitation de ces roches très-dures et des poudingues ferrugineux n'y est pas sans importance.

La partie inférieure est formée de sables divers. La coupe suivante donne une idée des couches visibles en l'état actuel des travaux.

Fig. 13.

1. Diluvium. . . . . . .8^m »
2. Argile sableuse et bande glauconieuse . . . . 5 »
3,3' Sable fin laekenien , zone des sables sans fossiles[1]. . . . . . . 3 »
4,4' Autre sable laekenien gris-verdâtre avec une ligne de *Nummulites Heberti*. . . . . . . 4 »
5. Sables blanchâtres légèrement glauconieux ; niveau du sable blanc sans fossiles. . . . .
f. Faille. . . . .

[1] Depuis que ces pages sont écrites nous avons reconnu dans la couche 3 la présence de quelques fossiles exceptionnellement conservés dans des concrétions ferrugineuses, tels qu'une *Oliva* et une *Natica* difficiles à déterminer sous le rapport de l'espèce.

On exploite surtout ici le sable blanc sans fossiles, parfois très-pur, jouissant dans ce cas d'une plus grande valeur commerciale.

A l'entrée de cette carrière, on avait ouvert précédemment, et à un niveau inférieur au plan actuel d'extraction, un trou de sonde aujourd'hui remblayé, mais dans lequel on apercevait la superposition suivante :

1° Diluvium ;

2° Sable jaune-rougeâtre avec trois bandes d'argile grise fortement inclinées, et une veine de sable ligniteux, noir, de 0m 15c d'épaisseur ;

3° En stratification discordante, le sable quartzeux blanc sans fossiles.

Une zone de même nature, que celle N° 2, avec veines charboneuses avait déjà été remarquée dans l'ancienne carrière Binaut. M. Meugy dit qu'elle existe également au mont des Récollets, mais nous n'avons pas pu l'y rencontrer jusqu'à présent.

Signalons encore dans cette même carrière, des masses volumineuses d'argile glauconifère éboulées, où nous avons retrouvé des empreintes de coquilles rappelant les formes laekeniennes constatées dans l'argile supérieure des Récollets.

Au-dessus de cette couche se présente une sorte de limon caverneux constitué par du sable siliceux très-fin, finement micacé et fortement aggluiné. Si l'on rapproche cette dernière indication de celles qui précèdent, à savoir : les veines glaiseuses grises et les filets de lignite, on remarque un ensemble minéralogique rappelant la composition du Tongrien supérieur du Limbourg, assise à laquelle nous sommes tentés d'assimiler ces sables limoneux. On ne les a pas encore vus en place, mais ils ont pu se trouver au sommet du mont Cassel , avant les dénudations diverses qui en ont successivement modifié la physionomie.

Près du moulin Desmet.

Au bas de la côte, et à 100 pas du cabaret dit *Au Saint-Hubert,* où la route de Bourbourg s'embranche avec celle de Watten , une petite butte surbaissée , entaillée en face du moulin Desmet , permet de constater la superposition de l'argile glauconifère , plusieurs fois décrite , à un sable graveleux, grisâtre, à veines ferrugineuses, micacé et présentant quelques traces de coquilles. Ce sable doit être rapporté à la zone des sables laekéniens sans fossiles. Il se trouve ici, ainsi que l'argile qui le surmonte, dans une position physique anormale et comparable en tous points à celle que nous avons déjà décrite dans la première carrière Riquart (route de Saint-Omer).

ROUTE DE ZERMEZEELE.

Carrière Heyden

Assise de la glauconie du mont Panisel.

Derrière le cabaret de la *Croix-Rouge,* sur la petite route qui mène par Zermezeele à Bourbourg , se trouve, à gauche, une carrière exploitée par M. Heyden.

A part un diluvium assez bien développé, elle ne présente pas d'intérêt particulier.

On y voit la superposition suivante :

1° Terre végétale ;

2° Sables remaniés et blocs de Diest ;

3° Diluvium à galets et silex roulés et brisés ;

4° Sable quartzeux très-glauconieux, gris-verdâtre et veiné de quelques bandes ferrugineuses.

Ce dernier sable appartient à la même assise que les sables de la briqueterie Grandel, ouverte au pied des Récollets et dont nous avons déjà donné une description complète.

Dans la carrière Heyden, il fait suite aux dépôts inférieurs visibles dans l'exploitation Mallet; nous estimons la différence de niveau entre ces deux points d'observation, à une dizaine de mètres environ.

Enfin, à une vingtaine de mètres plus bas encore, près de l'embranchement de la route de Zermezeele avec celle de Watten, à la borne 2 kil. 730 mètres, on constate une extraction d'argile grise, sans fossiles, appartenant à l'assise de l'*argile des Flandres*.

Argile des Flandres.

Entre ces deux dernières stations, nous avons recherché la trace des sables de Mons-en-Pèvèle; mais le terrain, peu favorable à l'exploration, ne nous a fourni que des indications trop vagues pour être rapportées.

ROUTE DE DUNKERQUE.

A cinquante pas de la porte de Dunkerque et à droite de la route, un sentier descend rapidement près d'une petite ferme en face de laquelle on remarque le sable calcareux fin à *Nummulites variolaria*.

Plus loin, et sur la gauche de la voie, le sable précédent est recouvert par 3 à 4 mètres d'argile grise pure, offrant quelqu'analogie avec celle du trou de sonde de la carrière Mallet; elle semble devoir être rapportée au niveau de l'argile traversée dans le puits de la gendarmerie.

Du même côté de la route, au point où celle-ci fait un coude prononcé, se trouve la carrière du sieur Deberne, l'une des plus grandes du mont Cassel. Elle complètera les coupes précédemment données au sujet des exploitations Mallet et Heyden, entre lesquelles celle-ci se trouve intercalée.

Carrière Deberne

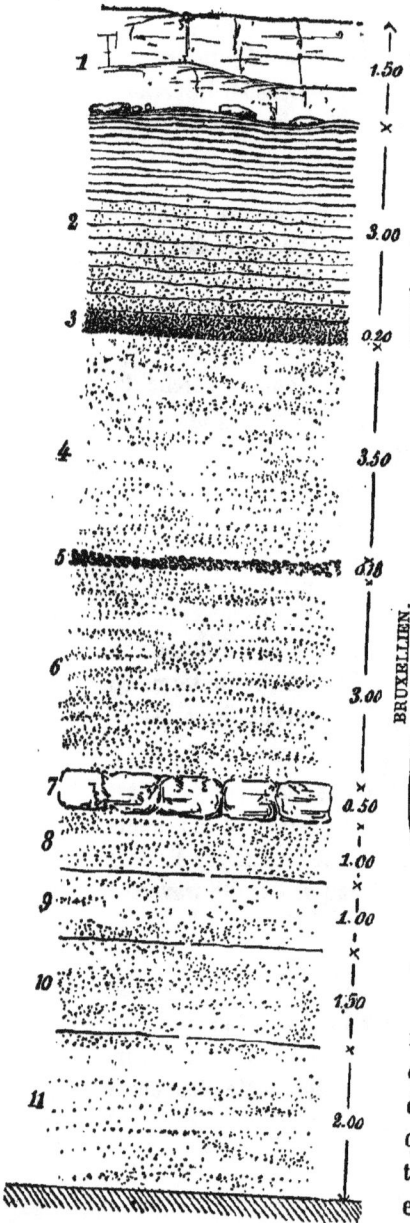

Fig. 14.

On y observe la superposition suivante

1° Limon. 1m 50

2° Sable glauconifère argileux, avec très-rares empreintes de *Corbula* , *Cardium* . . 3 00

3° Bande noire.. . . . . 0 20

4° Sable gris -jaunâtre sans fossiles. 3 50

5° Lit de *Nummulites variolaria* 0 18

6° Sable blanchâtre sans fossiles 3 00

7° Banc compacte à *Cerithium giganteum*, etc. 0 50

8° Sable blanc-grisâtre sans fossiles. 1 00

9° Même sable, avec fossiles bivalves fragiles 1 00

10° Sable blanc avec quelques tranches des mêmes bivalves , dominant surtout vers la base. 1 50

11° Sable quartzeux blanc, sans fossiles, visible sur . . . 2 00

A l'extrémité du talus , les bancs fossilifères affectent une pente très-marquée du nord-ouest au sud-est.

Le côté adossé à la montagne a subi récemment un éboulement assez considérable. Il montre, de plus, une ligne de *Nummulites Heberti*, mêlée à quelques *lævigata*, et un banc compacte, fortement incliné, pétri de cérites géantes, etc.

Ainsi qu'on peut le voir, cette coupe, à part des lacunes entre les couches 3 et 4, 7 et 8, concorde avec les indications relevées dans la grande carrière du mont des Récollets et correspond à la plus élevée des carrières Riquart, dont il a déjà été question.

Un peu plus haut, sur la même route, un petit sentier se présente derrière le cabaret à l'enseigne de la Bergère. Il est bordé au début de sables ferrugineux sans caractères précis, et une quinzaine de mètres plus bas, il pénètre dans la série fossilifère inférieure. Celle-ci se développe le long du talus et offre, sous $0^m.30$ de limon la succession suivante : *Près du cabaret de la Bergère.* *Couche à Turritelles.*

1° Une couche calcaréo-sableuse remplie de *Cardium porrulosum* de petite taille, *Cytherea sulcataria* Lk., *Turritella edita, Natica patula* Lk, *Cytherea suberycinoïdes* Desh,;

2° Un banc de tuffeau renfermant les mêmes fossiles ;

3° Un banc calcaréo-sableux blanchâtre avec grains de glauconie et une grande quantité de *Natica*, de *Cardium obliquum*, de petits bivalves, de *Turritella edita*, etc.;

4° Une couche friable, glauconieuse, dans laquelle domine surtout l'*Ostrea flabellula* :

5° Un nouveau banc compacte, calcaréo-sableux, de dureté moyenne ;

6° Sable à grains moyens, vert, glauconieux, micacé ;

7° Sable également à grains moyens, de couleur jaunâtre.

La série fossilifère (N°s 1, 2, 3 et 4) se présente avec une épaisseur de trois à quatre mètres. La pente du chemin dans lequel on l'observe ne permet pas d'évaluer la puissance relative de chacune de ces couches.

Enfin, à une quinzaine de mètres au-dessous de la dernière zone indiquée, on parvient au fond d'un petit vallon planté de saules et d'osiers entre lesquels serpente un ruisseau dont le lit est creusé dans l'argile des Flandres.

C'est dans ces environs, en face du cabaret du Vert-Wallon, que M. Meugy a vu autrefois, dans une petite excavation creusée au pied de la montagne, un sable verdâtre veiné d'argile et renfermant des lentilles ou des rognons de grès lustrés blanchâtres.

Ce géologue avait encore vu le même sable verdâtre, avec veines plus blanches, passant au grès, affleurer près du moulin de Standaert, déjà cité à propos du mont des Récollets. Les grès y étaient traversés par des mollusques perforants *(Teredo navalis?)*.

Or, la construction récente d'une route, passant au pied du du moulin de ce nom, y a fait découvrir simplement, sous le limon, une grande quantité de gros blocs de Diest. M. Grandel, de Cassel, qui les exploite, les retire actuellement d'une profondeur de six à sept mètres.

Il est intéressant de retrouver ainsi, à quelque distance de la montagne, ces bancs solides, disloqués et transportés jusqu'en ce point, à l'époque diluvienne. Quant au sable vert passant au grès lustré, cité en ce point par M. Meugy, nous avons lieu de penser que ce n'est pas aux environs immédiats du moulin que se rapportent les observations de ce géologue, car on n'en voit pas de traces dans cette excavation.

ROUTE DE LILLE.

Cette voie est, ainsi que la route de Saint-Omer, située sur le grand axe du mont de Cassel. Elle mène au cimetière et au mont des Récollets, en passant à proximité de la carrière Planque et tout à côté de l'ancienne exploitation Schwenberg.

La carrière Planque est ouverte à quelque distance du pavé, sur le versant sud-est du mont, près du petit chemin qui conduit directement de Cassel à Sainte-Marie-Cappel.

A l'époque où M. Meugy l'a visitée, on y apercevait plusieurs failles dirigées vers le mont des Récollets; leurs plans étaient parallèles à l'inclinaison générale des couches. Ce géologue les a donc rapportées au deuxième des systèmes qu'il a distingués dans ces accidents de terrains. Mais ici encore les failles ont disparu ; on remarque tout au plus une légère inclinaison générale , orientée vers le sud-ouest.

Le talus principal offre la coupe suivante :

1° Terre végétale grise-brunâtre . . . . 0^m 60

2° Limon brun calcaire 1 50

3° Limon jaunâtre sableux, fin, doux au toucher . . . 3 00

En-dessous et en stratification discordante :

4° Sable grisâtre. 1 50

5° Veine sableuse irrégulière, légèrement ocreuse et parsemée d'un gravier quartzeux et de *Nummulites Heberti,* avec quelques *Numm. lœvigata* roulées . 0 30

6° Banc concrétionné, calcareux, avec moules de fossiles : *Ostrea flabellula, Cardium porrulosum, etc.* 0 15

7° Sable blanc-grisâtre , avec fossiles friables et ramifications tubulaires ; partie visible [1]. 3 00

La base de la carrière est aujourd'hui remblayée, mais précédemment nous y avions observé un second banc concrétionné siliceux , présentant entre autres fossiles des moules de Rostellaires. Cette carrière correspond, dans sa partie inférieure, aux bancs des Récollets, reposant sur les sables blancs sans fossiles.

En continuant la descente dans cette direction on arrive, après un parcours mesurant une vingtaine de mètres en ligne

[1] Les couches 4 et 5 appartiennent à la zone des sables laekeniens sans fossiles; les Nos 6 et 7 font partie de la zone à *Lenita patelloïdes* et à Rostellaires. M. Lyell avait cru voir dans les sables de cette carrière des dépôts inférieurs à toutes les autres couches bruxelliennes de Cassel et des Récollets ; les relations qui viennent d'être établies ne nous permettent pas de partager cette opinion , car selon la série des terrains constatée aux Récollets , les dépôts inférieurs de la carrière Planque sont plus récents que la zone des sables blancs et la couche à turritelles.

verticale, et sans pouvoir faire aucune observation, au niveau de l'argile yprésienne, base du mont.

Carrière
Schwonberg.

Cette carrière est celle que M. Lyell a décrite en lui donnant le nom du sieur Caton qui l'exploitait lors du passage de ce géologue dans notre pays ; elle était comprise dans l'espèce d'arc de cercle que décrit la route de Lille entre Cassel et le mont des Récollets et présentait un ensemble de couches et de bancs fossilifères qui ne se rencontre nulle part aussi complet dans les exploitations actuelles de Cassel [1]. Malheureusement elle est abandonnée depuis quelques années et toute observation y est aujourd'hui impossible.

Voici les détails qu'en donnent MM. Lyell et Meugy :

Sous une dizaine de mètres d'argile sableuse supérieure on voyait 5m.35 de sables divers à *Nummulites variolaria*, renfermant trois bancs solides dont un, l'inférieur, était riche en *Nautilus Burtini*. Cette zone reposait, comme dans la carrière Riquart, sur un banc calcareux à *Cerithium giganteum*, offrant parfois quelques cailloux roulés. En-dessous apparaissaient les sables grisâtres, avec différents bancs siliceux (six au moins), caractérisés par des moules et des empreintes de *Cardita planicosta*, *Cardium porrulosum*, etc., se développant sur 3m.05 de hauteur. Puis venaient les sables blancs sans fossiles.

Cette dernière assise reposait directement sur 3m.60 de tuffeau argileux, glauconieux et fossilifère (*marnes vertes* ou *glauconite sableuse de M. Lyell*), que l'on peut observer dans le chemin creux près du cimetière et quelques autres points dont nous avons déjà parlé. C'est notre couche à *Turritelles*.

Outre cette superposition immédiate des deux zones précédentes, cette carrière présentait encore un autre intérêt. En

[1] Les travaux récents effectués à la grande carrière des Récollets permettent d'y voir actuellement une succession de dépôts qui ne le cède en rien à celle de la carrière Schwenberg.

effet, c'est là que M. Lyell a observé la *bande noire* avec les fossiles ci-après :

Nummulites variolaria,   *Nucula margaritacea,*

Pecten plebeius,   *Ostrea inflata,* etc.

Nous avons déjà insisté plus haut, p. 66, sur la valeur de cette observation au point de vue de la question de l'âge réel de l'argile glauconifère.

D'après ce qui précède, on voit que presque toutes les carrières de Cassel sont situées au même niveau, c'est-à-dire dans la zone moyenne du mont. Cela tient à ce que l'on recherche partout la même nature de matériaux, c'est-à-dire les sables quartzeux plus ou moins purs et particulièrement le sable blanc. Les couches inférieures sont généralement négligées ; aussi est-ce dans les chemins ravinés et dans les sentiers à pente rapide qui descendent vers la plaine qu'il faut les rechercher. Le chemin creux, qui prend naissance près du cimetière, présente sous ce rapport d'utiles indications.

Couches inférieures du mont.

Elles peuvent être mises en parallèles avec la série déjà signalée dans le petit chemin partant du cabaret de la Bergère (route de Dunkerque). Ce sera le terme de nos explorations dans ce rayon.

Le cimetière est à gauche de la route de Lille, à quelques centaines de mètres des dernières habitations de la ville. Il occupe toute la surface d'un petit plateau incliné vers le mont des Récollets. Sous une couche de terre végétale s'étend d'abord l'assise argilo-sableuse laekenienne ; elle présente, en ce point, une épaisseur de deux à trois mètres. Dans l'angle inférieur que forme la haie de clôture, on voit affleurer le sable blanc sans fossiles, légèrement teinté de jaunâtre (1m.50). Il est surmonté, ainsi que nous avons pu le voir accidentellement dans une ouverture qui existait alors, de sable jaune avec lits de fossiles friables, ainsi que d'un banc de grès calcareux renfermant

7

beaucoup de bivalves et de *Cardium* à l'état de moules (2 m.) :
Ces dernières couches font partie de la zone à *Rostellaria ampla.*

Chemin creux
sous le
cimetière.
Au sable blanc, indiqué à l'angle du champ de repos, succèdent en contrebas les roches inférieures, qui affleurent ou forment talus dans le chemin creux dont il vient d'être question.

Nous y avons relevé la coupe suivante de haut en bas :

Zone
à turritelles.

1° **1ᵉʳ** banc compacte, blanchâtre, calcareux, pointillé
de grains verts. Il renferme surtout de nombreux
moules d'une *Turritelle*, très-voisine par sa forme
de la *Turritella multisulcata*, parmi lesquels on
distingue encore quelques *Turritella edita*, *Venus
suberycinoïdes*, *Cardium porrulosum* et *obliquum*,
Cardita elegans, des pétoncles de petite taille,
Bifrontia serrata, etc. 1ᵐ 50

2° Sable noirâtre ou vert foncé, plus ou moins argileux,
criblé de *Turritella edita*, avec quelques *Ostrea
flabellula* qui y atteignent une très-grande taille   1   00

3° 2ᵉ banc solide, moins calcareux et plus argileux que
le précédent. Il renferme peu de fossiles : *Tellina
. . . .? Venus suberycinoïdes*.   0   35

4° Sable à grains moyens, glauconieux. Il offre, comme
le précédent (N° 2), de nombreuses coupes de *Turritella edita* friables et un grand nombre d'*Ostrea
flabellula*, qui ont conservé leur test   2   00

5° 3ᵉ banc calcaréo et argilo-sableux, glauconifère,
renfermant encore quelques fossiles déjà cités . .   0   05

6° Sable argileux glauconifère, peu fossilifère ; on y reconnaît cependant encore quelques formes. . . .   0   80

A reporter . . .   5   70

$$Report \ldots \quad 5^m\ 70$$

7° 4° banc compacte et très-riche en débris organiques.
Il est caractérisé surtout par une abondance de
moules de *Cardium porrulosum* (assez petits de
taille), *Natica patula*, *Turritella*, etc. **1 00**

8° Sable argileux, verdâtre, avec moules de *Cardium
porrulosum*, et autres bivalves; *Cardita planicosta*,
dont le test est devenu pulvérulent **0 50**

9° Sables verts sans fossiles, qui ceignent le pied du
mont sur une grande épaisseur (Paniséliens) . . .

$$Total \ldots \quad 7\ \ 20$$

RÉSUMÉ ET CONCLUSIONS.

Les détails dans lesquels nous sommes entrés sur Cassel
et les Récollets avaient surtout pour but d'indiquer l'état actuel
de tous les points qui peuvent jeter un certain jour sur la constitution de ces monts.

Cette méthode, à côté de l'avantage qu'elle peut avoir de
présenter, dans une direction donnée, tous les faits intéressants
qui s'y rencontrent, ne permet pas de les grouper à mesure
dans un ordre géologique suffisant.

C'est ce que nous allons essayer de faire ci-après.

EOCÈNE INFÉRIEUR.

A la base des deux collines, nous avons indiqué un niveau Assise de l'argile des Flandres.
d'argile dont l'épaisseur est de plus de cent mètres et que l'on
peut suivre, au sud, autour du mont, depuis la station de
Cassel, par Oxelaere, jusqu'à la route de Lille, au pied des
Récollets. Là, elle disparaît sous le limon, sur un espace d'environ deux cent-cinquante mètres, pour se montrer plus loin;

à l'est du mont des Récollets , jusqu'à la rencontre du pavé de Steenworde.

Elle n'affleure plus sur le pourtour nord de Cassel , si ce n'est aux approches du village de Wemaers-Cappel , à l'ouest , où nous avons indiqué une exploitation de cette roche. Elle atteint l'altitude maxima de 76 mètres.

Assise des sables de Mons-en-Pévèle. Ces sables sont très-faiblement représentés à Cassel. Ils n'ont pas d'affleurement bien reconnaissable ; cela tient peut-être à ce que l'on ne rencontre à ce niveau inférieur ni ravin bien marqué , ni exploitation. M. Meugy a cru les reconnaître dans un sable fin, grisâtre, dans le bois du Temple. Cette forêt, défrichée aujourd'hui, est entièrement livrée à la culture et nous n'avons pas pu les contrôler en ce point.

Nous avons indiqué, dans le puits de la briqueterie Grandel, à la base des Récollets, quatre mètres de sables pyriteux que nous avons assimilés, mais avec réserve, aux sables de Mons-en-Pévèle.

Assise de la glauconie mont Panisel. Sur les couches précédentes reposent des sables gris-verdâtre et glauconieux, renfermant parfois des blocs isolés de grès glauconieux plus ou moins lustrés, et de tuffeau, le tout compris à Cassel, entre les hauteurs de 80 et de 105 mètres, ce qui leur donne une épaisseur d'environ 25 mètres. On les découvre parfois dans les chemins creux qui traversent cette zone, par exemple : à Cassel, dans le sentier qui descend du cabaret de la Bergère, sur la route de Dunkerque, puis dans le petit chemin qui part de la route de Lille, à la hauteur du cimetière, sur la route de Bourbourg, où ils sont exploités dans la carrière Heyden ; enfin, au nord, on les revoit à la base du mont, au Vert-Wallon.

Au même niveau horizontal, aux Récollets, ils forment comme une ceinture autour du mont. On les utilise à la Sablonnière, à la carrière Liébart et à la briqueterie Grandel.

ÉOCÈNE MOYEN.

SABLES DE CASSEL.

La couche à Turritelles, qui fait suite à l'assise précédente, commence à se montrer près de la petite chapelle, sous le cabaret de la Bergère; elle est surtout bien développée sous le cimetière, d'où on peut la suivre pendant un certain temps jusqu'au cabaret à l'enseigne de la Route de Lille. Elle réapparaît à la même hauteur, aux Récollets : au pied de la grande carrière, sous le bois du côté est du mont, et enfin dans le chemin creux qui relie les deux carrières principales. Elle a de plus été indiquée autrefois à la base des anciennes carrières Moisson et Schwenberg.

Assise bruxellienne. — *Zone inférieure Couches à Turritelles.*

La zone suivante est formée de sables presque purs, blancs et ne contenant pas de fossiles, à l'exception toutefois des débris de Chéloniens que nous y avons rencontrés. Elle est surtout apparente dans les carrières où elle constitue l'élément commercial le plus recherché. Aussi la voit-on partout, si ce n'est dans les exploitations Heyden à Cassel, et Liébart aux Récollets, ouvertes à un niveau inférieur.

Zone des sables blancs

Ces sables affleurent, en outre, dans l'angle le plus bas du cimetière et au-dessus de la briqueterie. Sur ces derniers points ils sont altérés par les agents extérieurs, et, de blancs qu'ils étaient, ils passent au jaune plus ou moins vif.

A ce dépôt, dont l'épaisseur est évaluée à quatre ou cinq mètres, succèdent des lits alternatifs de bancs solides et de sables fossilifères appartenant aux zones ci-après :

La première n'apparaît que dans les exploitations, savoir, à partir du sud-ouest : à la base de la deuxième carrière Riquart, sur le sentier de Bavinchove à Cassel, dans la carrière Planque, sur le chemin de Sainte-Marie-Cappelle ; aux Récollets : dans

Zone à Rostellaria ampla et Lenita patelloïdes.

les deux carrières Grandel, d'où ses bancs se prolongent vers le nord jusqu'à la carrière Deberne, sur la route de Dunkerque ; vers le nord-est, à la carrière Moillet, ils n'ont pas encore été, jusqu'ici, dégagés de dessous les assises supérieures qui semblent les avoir débordées.

Cette zone renferme un grand nombre de fossiles. Malheureusement beaucoup sont à l'état de moules ou d'empreintes, dans les bancs solides ; tandis que, dans les lits de sables, ils sont à l'état pulvérulent et tombent en poussière au plus léger contact.

Zone à *Nummulites lævigata.*

La zone suivante, caractérisée par la présence de la *Nummulites lævigata* en place, est surtout bien nette à la deuxième carrière Riquart et à la carrière Deberne, à Cassel. On la revoit également dans les travaux de M. Grandel, aux Récollets.

Assise laekénienne.
—
Zone inférieure à *Nummulites variolaria*, à *Cerithium giganteum*, et à *Nautilus Burtini.*

La zone laekénienne inférieure est formée de sables fins et calcareux et de bancs solides parmi lesquels on reconnaît surtout ceux à *Cerithium giganteum,* à *Nautilus Burtini* et à *Ostrea inflata.*

Aux Récollets, elle traverse du sud au nord toute l'épaisseur du mont, comme les assises inférieures sur lesquelles elle repose. On la voit affleurer sur son versant ouest, dans une ancienne entaille, au-dessus de la briqueterie.

A Cassel, cette zone est mise à découvert dans la deuxième carrière Riquart ; jadis on la voyait encore dans l'ancienne carrière Schwenberg.

Toutes les couches que nous venons de rappeler jusqu'ici sont disposées horizontalement et on les retrouve partout à un niveau constant.

Zone des sables laekéniens sans fossiles.

A ces derniers sables en succèdent d'autres moins fins et présentant un grand nombre de petits grains de quartz anguleux, mais sans fossiles ; ils ont généralement enlevé les précédents en prenant leur place. Par suite de cette substitution, ils descendent fréquemment à un niveau plus bas que celui des dernières couches désignées ; on les voit dans toutes les exploitations comprises entre 110 et 125^m d'altitude.

Au milieu de la grande carrière des Récollets ils n'existent qu'à l'état de traces assez faibles, tandis qu'ils arrivent à un développement plus important vers les bords de la tranchée. Leur épaisseur est de cinq à sept mètres dans la deuxième carrière des Récollets, située sur le prolongement de la première. Ils paraissent à Cassel : aux carrières Riquart, à la carrière Deberne, etc.

La zone suivante, visible dans la grande carrière des Récollets, consiste en une bande de sable surmontée d'un banc de grès dur, siliceux, renfermant des *Nummulites variolaria*, également siliceuses, des *Ostrea inflata*, des *Turritella imbricataria* en moules, etc. Un petit lit formé de coquilles bivalves, présentant par leur disposition l'aspect d'une plage, termine ce niveau.

Zone supérieure des sables fins à *Nummulites variolaria*.

Enfin nous avons encore lieu de penser qu'une seconde zone de sables laekéniens sans fossiles, rencontrés sur le flanc de la colline en même temps que la première (carrière Deberne entre autres), avec laquelle elle pourrait se confondre facilement par ses caractères minéralogiques, pourrait prendre place ici.

Pour vérifier ce fait, il serait à souhaiter que les exploitations pussent se rapprocher encore de la partie centrale de l'un des deux monts, de façon à mettre plus à découvert la partie supérieure des terrains ; nous avons pu remarquer, en effet, que les couches supérieures se recouvrent suivant des plans assez convexes, principalement vers leurs parties extérieures.

La zone laekenienne la plus élevée comprend l'argile sableuse mêlée de glauconie et parfois fossilifère, décrite avec quelques détails au chapitre des Récollets ; elle est très-développée dans le massif de Cassel et apparaît dans la plupart des carrières.

Zone de l'argile sableuse glauconifère.

L'âge de cette couche était resté jusqu'ici indécis ; les indications paléontologiques que nous avons fait valoir, nous semblent avoir écarté toute incertitude à cet égard.

MIOCÈNE.

Assise
tongrienne.

Nous avons rapporté, avec réserve, au tongrien de la Belgique l'argile compacte grise de la Gendarmerie de Cassel et les filets de lignite indiqués dans les carrières Mallet et Binaut, ainsi que ceux observés par M. Meugy dans la grande carrière des Récollets.

Entre l'argile grise et l'argile glauconifère laekenienne il existe probablement, comme on l'a dit déjà, un banc sableux aquifère : c'est peut-être à ce niveau qu'on doit rapporter le sable gris, fin, argileux de la carrière Mallet.

Serait-ce ce sable que M. Lyell a vu entre les sables diestiens et l'argile sableuse supérieure ? C'est une question que nous posons sans pouvoir la résoudre. Nous verrons, du reste, au Mont-Rouge et au Mont-Aigu l'argile laekenienne, surmontée d'une couche de sable, en situation identique mais sans aucun mélange argileux et paraissant appartenir à une formation différente du laekenien.

PLIOCÈNE.

Assise des
sables de Diest.

Les sables de Diest couronnent les sommets de Cassel et des Récollets et s'étendent sur leurs flancs, quelquefois jusqu'à un niveau très-bas, ainsi que le montre l'extraction de grès diestiens au moulin de Standaert. Notons cependant que là, comme dans toutes les exploitations semblables du massif, le grès est à l'état remanié.

C'est à la base de cette assise que se trouve le niveau d'eau qui alimente la presque totalité des puits de la ville de Cassel.

TABLEAU D'ENSEMBLE DES DIFFÉRENTES FORMATIONS CONSTITUANT LE MASSIF DE CASSEL ET DES RÉCOLLETS.

ÉTAGES.	ASSISES.	ZONES.	SYSTÈMES de DUMONT.	MONT des RÉCOLLETS.		SOMMET DU CASSEL.	ROUTE de SAINT-OMER.		ROUTE de WATTEN.		Route de Dunkerque.	ROUTE de LILLE.		
				Carrière Grandel et sommet de la colline.	Base du Mont.		Ancienne carrière Molsson (Riquart), etc.	2e carrière Riquart.	Carrière Mollet, etc.	Carrière Heyden, etc.	Carrière Debarre, Vert-Vallon.Monhs.Standaert.	Carrière Plaquys, etc.	Carrière Schvenberg, etc.	Cimetière, chemin creux.
Diluvium......	....	Terre végétale								+	+	+		
		Limon calcaire										+		
		Limon sableux								+		+		
		Diluvium à gros éléments.		+		+	+	+	+	+				
Pliocène........	Sables de Diest..	Sables rouges.	Diestien ..	+		+								
		Grès ferrugineux.		+		+								
		Cailloux roulés, poudingue		+		+								
Miocène........	Tongrienne?....	Argile grise de la Gendarmerie.	Tongrien..				+		+					
		Sable?					+		+					

ÉTAGES.	ASSISES.	ZONES.	SYSTÈMES de DUMONT.	Carrière Grandel et sommet de la colline.	Base du Mont.	Sommet de Cassel.	Ancienne carrière Molsens (Riquart), etc.	2ᵉ carrière Riquart.	Carrière Mallet, etc.	Carrière Heyden, etc.	Route de Dunkerque, Carrière Debruns, Vert-Vallon, moulin Standaert.	Carrière Flamque, etc.	Carrière Schevenbarg, etc.	Cimetière. Chemin creux.
				MONT des RÉCOLLETS.			ROUTE de SAINT-OMER.		ROUTE de WATTEN.			ROUTE de LILLE.		
		Argile grossière glauconifère		+		+	+	+	+	.	+		+	+
		Bande noire		+		+	+	+			+		+	
		Sable blanchât. sans fossiles		+										
		1ᵉʳ banc à *Ostrea inflata* .		+										
		Plage de coquilles brisées.		+										
ÉOCÈNE	Laekénienne. . .	Sable demi-fin, généralement sans fossiles, reposant sur un lit de *Numm. Heberti* roulées.	Laekénien.	+			+	+	+		+	+		
		2ᵉ banc à *Ostrea inflata* . .		+										
		Sables à *Numm. variolaria.*		+				+						
		Banc à *Nautilus Burtini.*		+								+		
		Banc à *Cerith. giganteum* .		+			+				+		+	
		Banc de grès fossilifère à *Numm. lœvigata.* . . .		+				+			+			

DE CASSEL

MOYEN.	SABLES	Bruxellienne....	Bancs coquillers et sables à *Lenita patelloïdes* et à *Rostellaria ampla.*	Bruxellien.	+				+				+	+	+
			Sable blanc sans fossiles .		+			+	+	+		+	+	+	+
			Bancs calcareux à *Turritella multisulcata* et *edita.*		+	+		+				+			+
			Sables glauconieux à *Ostrea flabellula* et *C. planicosta.*		+	+						+		+	+
		Glauconie du Mont Panisel.	Sable avec concrétions de grès siliceux à *Pinna margaritacea*.	Panisélien.		+									
			Sable glauconieux avec traces friables de fossiles.			+		+	+		+	+			+
			Sable glauconieux sans fossiles			+ puits									
			Sable vert-noirâtre à gros grains			+									
Eocène inférieur.		Sables de Mons-en-Pévèle.	Sable argileux jaune foncé	Yprésien supérieur.		+									
			Sable graveleux avec traces ferrugineuses. Nappe aquifère.			+									
		Argile des Flandres.	Argile compacte grise, brune ou bleue	Yprésien inférieur.		+		+		+		+	+		+

LISTE DES PRINCIPAUX FOSSILES DE CASSEL [1].

	BRUXELLIEN.		LAEKÉNIEN.
	Couches à Turritelles.	Sables et bancs solides.	Argile sabl^se. Sables et bancs avec *N. variolaria*
REPTILES.			
Plaques osseuses de Tortues marines.		+	
On y a également rencontré des restes de Gavial.			
POISSONS.			
Dents de Myliobates (plusieurs espèces).	+	+	+
— Ætobates.		+	+
— Lamna elegans et hoppei.		+	+
— Otodus obliquus.		+	
— Carcharodon Disauris.		+	
etc., etc.			
CRUSTACÉS.			
Leurs débris sont très-rares à Cassel.			
CÉPHALOPODES.			
Nautilus Lamarcki (Burtini).	+		+
LAMELLIBRANCHES.			
Solen vaginalis	+	+	
Panopœa intermedia ?	+	+	
Corbula gallica		+	+
— exarata	+		
— pisum	+		+
— longirostris.	+	+	+
— striata.	+	+	+
Thracia.		+	+

[1] Nous devons à l'obligeance de M. Nyst la détermination d'une partie de ces fossiles.

	BRUXELLIEN.		LAEKÉNIEN.
	Couches à Turritelles.	Sables et bancs solides.	Argile sabl.se Sables et bancs avec *N. variolaria*
Mactra semisulcula.		+	
Sanguinolaria Hollowaysii			+
Tellina sinuata			+
— tenuistriata.			+
— rostralis.			+
Lucina divaricata ?	+	+	+
— mutabilis		+	+
— mitis	+		
— contorta ?			+
— depressa			+
— squamula	+		+
Astarte Nystiana.	+		
Cytherea lœvigata.	+	+	+
— suberycinoïdes.	+	+	+
— sulcataria.			+
Venus elegans.			+
Cypricardia pectinifera.			+
Cardium porosulum	+	+	+
— semi-granulatum		+	
— obliquum.	+	+	+
— turgidum.		+	+
Cardita planicostata	+	+	
— decussata	+	+	
— elegans	+		+
— acuticosta	+		
Nucula margaritacea.		+	+
— striata			+
— Galeottiana.		+	+
Pectunculus pulvinatus.		+	
— *petite espèce.*	+		
Arca barbatula	+		
Pinna margaritacea	+?	+?	
Pecten corneus.			+

	BRUXELLIEN.		LAEKÉNIEN
	Couches à Turritelles.	Sables et bancs solides.	Argile sabl.se Sables et bancs avec N. variolaria
Pecten plebeius			+
— imbricatus			+
— reconditus.			+
Anomia lœvigata		+	+
Ostrea virgata		+	
— flabellula.	+	+	
— cymbula.		+	
— inflata			+
— cariosa.			+
— gigantea			+
— gryphina.			+
— arenaria.			+
GASTÉROPODES.			
Dentalium incrassatum.		+	+
Bifrontia serrata.	+		
Solarium Nystii	+		+
— une grande espèce.		+	
Phorus parisiensis ?		+	
Turritella edita	+	+	
— imbricataria.			+
— multisulcata ?	+	+	
Melania marginata		+	
Natica patula		+	+
— sigaretina			+
— glaucinoïdes	+	+	
— ambulacrum			+
— parisiensis	+	+	
Sigaretus canaliculatus.	+	+	
Fusus bulbiformis	+	+	
— longœvus.	+		
Cerithium giganteum. . . . . fi . .			+
Murex tricarinatus.		+	

	BRUXELLIEN.		LAEKÉNIEN.
	Couches à Turritelles.	Sables et bancs solides,	Argile sabl.se Sables et bancs avec N. variolaria
Cassidaria carinata.			+
— nodosa			+
Rostellaria macroptera		+	
— fissurella.		+	
Buccinum stromboïdes.		+	
— junceum.			+
Conus deperditus		+	
— antediluvianus?			+
— turritus.		+	
Ovula Gisorsiana	+		+
Voluta cithara.		+	
— oliva?.		+	
Terebellum convolutum.		+	
BRACHIOPODES.			
Terebratula Kickxii			+
ANNÉLIDES.			
Serpula (diverses espèces).	+	+	+
ECHINODERMES.			
Lenita patelloïdes		+	
Echinolampas galeottianus.			+
— affinis.			+
FORAMINIFÈRES.			
Nummulites variolaria.			+
— Heberti			+
— lœvigata		+	
— scabra		+	
Orbitolites complanatus.			+
VÉGÉTAUX.			
Noix de coco : Nipadites Burtini			+

CHAPITRE IV.

MONT DES CHATS.

Chaîne
des collines
de Bailleul à
à Ypres.

A quatorze kilomètres de Cassel et des Récollets se développe une petite chaîne de collines, en général moins élevées, qui se rattachent à ces deux monts surtout par les assises qui en constituent la base et le sommet ; la partie moyenne en est généralement moins complète, mais surtout moins visible ; souvent même elle fait défaut.

Cette série d'ondulations franchit, au Mont-Noir, la limite du département et se poursuit presque sans discontinuité au-delà de la frontière belge jusqu'au Mont-Aigu, peut-être le plus intéressant de tous par sa composition, et au Mont Kemmel qui en forme le point extrême.

Placés pour nous en tête de la chaîne, le Mont des Chats (Kats-Berg) et celui de Boëscheppe ne forment pour ainsi dire qu'un même massif, irrégulièrement allongé, orienté du nord-est au sud-ouest. Leur point culminant est à la cote de 158^m pour le premier et de 127 pour le second.

La petite ville de Bailleul, bien que située à sept kilomètres de ces derniers monts, nous semble la base d'opérations la plus commode pour les habitants de notre chef-lieu qui voudraient les parcourir en géologues.

Mont des Chats.

Parlons d'abord du Mont des Chats.

On peut s'y rendre de Bailleul, soit en empruntant une partie de la grand'route de Meteren, soit par le chemin de Berthen.

Dans le premier cas, il faut suivre la première de ces voies jusqu'au hameau de la Fontaine, situé sur la droite, et après avoir incliné quelque temps dans cette direction, prendre un petit chemin de terre qui aboutit directement au pied du mont vers le sud. Cette voie, ombragée sur presque tout son parcours, est peut-être la plus agréable en été; on y jouit d'un beau coup-d'œil sur la vallée et sur l'ensemble des collines qui entourent Bailleul; mais les observations y sont presque nulles sous le rapport du terrain, jusqu'au bas de la côte.

Le trajet par Berthen, au contraire, permet de constater en plusieurs points, avant d'arriver à ce village, la présence de l'assise que nous avons appelée l'argile des Flandres (argile vue à Mons-en-Pévèle, à la Trinité, à Watten, au Mont du Tom, à Cassel); elle affleure fréquemment dans les fossés et sur le bord des ruisseaux qui traversent les prairies de la vallée. *Trajet par Berthen. Observations que l'on peut y recueillir.*

Arrivé au village de Berthen, à la hauteur de l'église, on doit abandonner la grande route qui se poursuit vers la colline de Boëschepe, déjà bien en vue, et prendre sur la gauche un chemin de terre qui conduit directement au sommet du mont par le nord-est.

Au début, ce chemin n'offre rien de saillant; le limon y est assez épais et à peine peut-on deviner dans les bas-fonds la présence de l'argile. Un peu plus haut, lorsqu'il commence à s'encaisser, on y reconnaît, à la base du limon, un sable diluvien grossier, sans caractère bien net, formé des matériaux divers arrachés à la colline.

Bientôt se présente, sur la gauche, une autre voie un peu plus étroite qui traverse presque immédiatement en tranchée la partie occidentale du mont. L'intérêt qu'elle présente nous engage à la décrire en premier lieu; nous reviendrons sur nos pas tout-à-l'heure.

Dans cette direction nouvelle, à quarante pas environ de la bifurcation dont on vient de parler, une petite source indique la partie supérieure de l'argile et la base des diverses assises sableuses dont on peut suivre le développement le long des talus, jusqu'au sommet de la colline. Bientôt, en effet, apparaît *Petit chemin sous bois se dirigeant vers le village de Meteren.*

8

Assise
de la glauconie
du mont Panisel. un sable gris, verdâtre, glauconieux, reproduisant tous les
caractères des *sables Paniséliens* du mont des Récollets ; il se
continue à six ou sept mètres plus haut, traversé par des filets
d'argile grise, par des bandes glauconieuses de couleur noirâtre
ou devenues bigarrées par l'altération de la glauconie.

Au premier coude que décrit le chemin sur la droite, en face
d'une petite chaumière, le talus présente sous le limon, le
diluvium formé de cailloux roulés et de roches de Diest ayant
1m.40 d'épaisseur, puis :

1° Sable argileux, jaune-verdâtre, peu glauconieux   0m 40

2° Couche ondulée d'argile grise schisteuse, tachée
   de rouille et présentant à sa partie inférieure
   quelques fragments de silex blancs très-corrodés
   et altérés 0 50

3° Sable panisélien : épaisseur évaluée depuis la
   source . . . .   6 à 7m

La présence des cailloux de silex nous porte à voir en ce
point le contact des sables paniseliens avec ceux de l'assise
bruxellienne, dont les caractères gagnent en netteté à mesure
que l'on s'élève dans cette même direction.

Assises
laekenienne
et bruxellienne. Le chemin, toujours encaissé, se continue sous le taillis ; à
droite le limon se développe encore à cette altitude (96m), sur
une épaisseur de deux à trois mètres, et le sable glauconieux
se poursuit en regard avec une importance égale. Puis, une entaille assez large, faite aux parois de la colline, présente en
superposition les détails suivants :

1° Terre végétale caillouteuse 0m 30

2° Sable fin rosé ou jaune pâle. 1 50

3° Bande argileuse concrétionnée. 0 30

4° Sable blanc-grisâtre, demi-fin, renfermant de

nombreux grains de quartz graveleux, translucides 1 30

5° Bande légèrement concrétionnée et graveleuse,
renfermant, dans une roche blanchâtre de peu
de consistance, de nombreuses *Nummulites
Heberti* et *lœvigata* roulées. 0 20

6° Sable quartzeux assez gros, présentant des traces
de fossiles dans quelques parties concrétionnées 3 00

Les sables nᵒˢ 2 à 5 représentent ici les différentes zones des
sables Laekéniens de Cassel. L'assise nᵒ 6 correspond, en général, au sable bruxellien et probablement à la zone à *Lenita patelloïdes* et à Rostellaires de la même localité.

Plus haut se développe largement l'assise des *Sables de Diest*,
exploitée jusqu'au moulin à l'huile (moulin de bois) qui domine
cette partie de la colline ; son épaisseur peut être évaluée à une
dizaine de mètres.

Indiquons encore, entre les dépôts supérieurs précédents et le
Diestien, la présence d'un sable quartzeux à grains moyens,
brunâtre, que nous rapportons provisoirement à quelque zone
du terrain miocène ; on le retrouvera vers la partie supérieure
de plusieurs autres collines de la chaîne de Bailleul : à Boëschepe, au Mont-Noir, etc., mais le classement en est difficile.

De l'autre côté du moulin, vers le sud-est, se présente une
pente très-abrupte ; M. Grandel, de Cassel, y a fait pratiquer,
à douze ou quinze mètres de son point culminant, une fouille
malheureusement déjà en partie remblayée. Nous y avons reconnu cependant un sable laekénien blanchâtre, doux, légèrement glauconifère, finement micacé, qui, à part l'oxydation de
la glauconie, offre de grands rapports avec le niveau nᵒ 2 de la
coupe précédente. On le reverra immédiatement sous l'argile
glauconifère, à Boëschepe (carrière des enfants Vermesch) ; son
épaisseur visible était de trois mètres, et à la partie tout-à-fait

Indications recueillies sur le versant S.-E.

inférieure de la rampe, une vingtaine de mètres plus bas, se montrait le sable Panisélien.

L'entrepreneur dont nous venons de parler nous a donné sur les affleurements relevés par lui, en ce point, les détails ci-après qui peuvent servir de complément aux observations précédentes :

1° Sable jaunâtre, ferrugineux, avec roches de
Diest . . . . 3 à 4$_m$

2° Sable blanc très-doux et fin. . . .(Laekénien) . 3 50

3° Sable blanc quartzeux . . . . .(Bruxellien) . 3 50

4° Petite couche de fossiles friables dans un sable
jaunâtre. 0 25

et plus bas : Sable glauconieux inférieur (Panisélien).

On pourrait donc récapituler ainsi l'importance des assises relevées jusqu'ici sous le moulin à l'huile :

Diestien (épaisseur maxima) . 15^m ⎫
Sable miocène?. . . . . . . 4 ⎪
Laekénien. . . . . 6 ⎬ 48^m
Bruxellien. . . . . 8 ⎪
Panisélien. . . . . 15 ⎭

Cette estimation approximative fait remonter
sur ce point l'argile des Flandres à la cote . 110

Total (hauteur du mont) 158

Observations
effectuées
dans le chemin
du nord. Si, au lieu de prendre à la bifurcation indiquée plus haut, la voie que nous venons de décrire, on continue à suivre le chemin qui conduit directement à la partie nord du plateau, on se trouve, un peu en avant de l'auberge voisine du couvent, en présence de deux talus, où se retrouvent en partie les assises déjà observées.

On y voit, à droite, d'abord, sous le diluvium :

Laekénien.

1° Un sable très-fin, doux au toucher, micacé, blanchâtre. . . . . 1^m 00

2° Lits ondulés de sable ocreux, légèrement concrétionné et schistoïde 0 20

3° Sable jaunâtre demi-fin, semé de quelques grains de quartz graveleux, avec quelques rares *variolaria* 0 75

4° Lit de *Nummulites Heberti* altérées, avec quelques *Nummulites lœvigata* roulées, dans un sable graveleux, à grains de quartz de un à deux $^m/_m$ de diamètre 0 20

Bruxellien.

5° Sable quartzeux, à grains moyens, jaunâtre, partie visible 1 00

Puis en regard, de l'autre côté du chemin et faisant suite :

6° Sable quartzeux jaune, un peu glauconieux, à grains moyens, veiné de zones bigarrées, blanchâtres, roses et grises, avec traces de fossiles. On y reconnaît l'*Ostrea flabellula*, des *Cardita planicosta*, *Turritella*, etc., conservées dans les concrétions accidentellement ferrugineuses. 3 00

7° Une veine bigarrée de sable argileux, formant une bande continue 0 40

8° Même sable, avec les mêmes traces de coquilles. 0 30

Les fossiles sont généralement ici en mauvais état de conservation ; on les retrouve en de meilleures conditions dans certaines parties sableuses concrétionnées qui gisent au pied du talus.

On remarque encore dans les déblais , avec des plaques diestiennes , d'autres roches ferrugineuses comme ces dernières et avec lesquelles on les confondrait bien certainement sans les fossiles qu'elles renferment. Ceux-ci appartiennent aux espèces qui viennent d'être indiquées au Bruxellien ; ils sont un nouvel indice du rapport des dernières formations (nos 5 à 8) , avec la zone à *Lenita patelloïdes* et à Rostellaires de Cassel.

Roches fossili-
fères diverses
dans le diluvium. A quelques pas en-deçà , et sur la route, nous avons également recueilli parmi les débris rejetés de la surface des champs, des grès blancs très-durs , les uns calcaires et pétris de fossiles provenant de la destruction de bancs solides analogues à ceux que l'on voit à Cassel dans la zone précédemment indiquée , et les autres , siliceux et compactes , dans lesquels on trouve engagée la *Nummulites variolaria.*

Toutefois l'aspect et la position de ces roches , et leur mélange avec les plaques diestiennes semblent devoir les faire attribuer au diluvium. Elles attesteraient , du moins , l'existence antérieure, à proximité, de bancs solides ayant fait suite à ceux de Cassel, et de plus une formation siliceuse particulière que l'on ne retrouve plus nulle part en place, aujourd'hui, dans ce rayon.

Ces derniers faits n'avaient pas encore été signalés jusqu'ici au Mont-des-Chats, ni ailleurs dans la chaîne de Bailleul.

Sommet
du plateau. Quelques pas mènent de ce point jusqu'au plateau dont l'aspect particulier mérite une courte description.

Non loin de deux moulins , points de repères pittoresques qui dominent toutes les éminences d'alentour, s'élèvent les vastes constructions d'un couvent de Trappistes bien connu dans la contrée ; cultivateurs patients , les religieux du monastère ont, depuis quelques années, transformé cette partie de la colline : là où l'on ne voyait naguère qu'une nappe aride de sables et de broussailles, se succèdent aujourd'hui des fermes, des habitations entourées de cultures et de bouquets d'arbres d'essences variées, qui reposent agréablement la vue.

Pour le géologue ce point offre encore un autre intérêt.

Des excavations, profondes de plusieurs mètres, y mettent à découvert, sous le diluvium, une puissante formation ferrugineuse de sables, de grès et de poudingues à gros éléments. Ce qui frappe au premier abord, dans l'aspect de ces carrières, c'est la couleur sanguine des sables, l'épaisseur des bancs de grès et le volume des galets de silex roulés, lourds débris arrachés au loin à une assise de craie probablement contemporaine de celle qui forme le fond du bassin, et dont ils sont aujourd'hui séparés verticalement par une hauteur de 250 à 300 mètres.

Développement de l'assise des sables de Diest à ce niveau.

Au-dessus des couches alternatives de sables et de roches ferrugineuses se heurtent, dans un désordre frappant, des blocs de grès diestiens et de galets remaniés, constituant un imposant diluvium que l'on ne revoit nulle part aussi mouvementé, dans le département, si ce n'est au Mont-Noir et au Mont-Rouge.

C'est vers le côté sud-ouest de la colline que ce dépôt se trouve le mieux développé. Il s'y montre à découvert dans plusieurs carrières et surtout dans les chemins ravinés qui descendent du sommet du mont vers la plaine.

Ainsi, presqu'à l'entrée du chemin qui débouche sur le plateau et non loin du moulin de bois déjà cité, se trouve une exploitation de grès de Diest qui mérite d'être signalée. Elle se distingue de ses voisines par les détails ci-après :

En stratification discordante, sous une couche de limon et de diluvium, on voit, sur une élévation de deux à trois mètres, des lits alternatifs de grès et de sables rouges; on y remarque aussi de gros galets de silex disséminés et quelquefois assez

nombreux pour former un véritable poudingue. Ces lits affectent
une inclinaison très-marquée, d'environ 35°.

Généralement les strates diestiennes sont à peu près horizontales ; leur inclinaison semble être ici le résultat d'une faille ou
du moins d'un éboulement considérable survenu après l'époque
de leur consolidation. La cause en est difficile à préciser ; mais
bien que le fait ne soit pas isolé, il semble avoir peu de portée,
car il n'affecte même pas, comme on peut le voir à Boëschepe,
l'assise diestienne tout entière.

Les Quatre-Chemins Sables miocènes A quelques pas plus loin, sur la même voie, à l'endroit appelé
les Quatre-Chemins, un talus exploité présente la série suivante
qui fournit des indications sur d'autres sables, immédiatement inférieurs à l'assise précédente et supérieurs à la série déjà décrite :

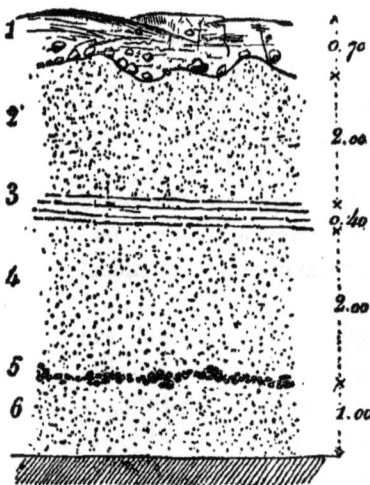

1 Diluvium à galets roulés . . .

2 Sable diestien micacé, à grains
moyens, jaune-rougeâtre. . . 2^m00

3 Indice de stratification formé de
petites concrétions schistoïdes
argilo-sableuses, de couleur rosée et grise. . . . · . . . 0 40

4 Sable gris, veiné de grisâtre, à
grains moyens agglutinés . . 2 00
Nous le rapportons au terrain
Miocène.

5 Lit de petits galets en stratification discordante . . . . . .

6 Sable fin, un peu micacé, avec
veines rosées par place : *Laekénien.* 1 00

Fig. 15.

La disposition de la coupe nous oblige à séparer le sable n° 4 de l'inférieur ; mais, outre qu'il manque de fossiles, nous ne trouvons dans sa nature minéralogique aucun caractère assez saillant pour le rapporter, avec quelque certitude, à l'une des assises rupélienne ou tongrienne des géologues belges.

Les roches de Diest apparaissent au-dessus, de nouveau bien développées, dans la suite du talus, où elles sont visibles sur une épaisseur de quatre mètres.

Ce chemin descend vers Bailleul par la route de Meteren, dont il a été question au début de ce chapitre.

Plus bas sur la côte, il est fortement raviné par les eaux pluviales et traverse un lambeau éboulé de sable argileux glauconifère recouvert par le diluvium ; cette couche se rapproche de l'argile sableuse laekenienne de Cassel. A un niveau inférieur encore, on traverse la série des sables glauconieux paniséliens. On rencontre, du reste, sur toute la partie déclive de cette route, des débris des couches supérieures.

Au nord-ouest, un autre chemin, pareillement encaissé, descend vers Godewaersvelde ; on y revoit, à son début, mais peu nettement, une partie des sables déjà désignés (Diestien et Bruxellien). Plus loin les observations y sont difficiles ; la route, moins inclinée, se maintient au niveau des terrains environnants, partout recouverts de cultures. *Descente vers Godewaersvelde*

Une nouvelle voie ferrée en construction, celle d'Hazebrouck à Poperinghe, posée sur le sol horizontal de la plaine, sans tranchée ni remblai, passe de ce côté, tout-à-fait au pied de la hauteur. Elle est assise immédiatement sur l'argile des Flandres, qui affleure partout dans les travaux et que l'on pourrait suivre de Godewaersvelde jusqu'à Ypres, dont les tours se dessinent parfaitement dans le lointain, vers le nord-est. *Affleurement de l'argile des Flandres.*

Un autre sentier, situé vers le nord, un peu plus à droite, remonte vers le couvent ; on y retrouve l'argile s'élevant de ce côté environ jusqu'au tiers de la côte.

En résumé cette colline nous offre :

1° A la base, les sables glauconieux du mont Panisel ;

2° Sable bruxellien sans fossiles (zone des sables blancs) ;

3° Sable caractérisé, sur la route de Berthen, par la présence d'*Ostrea flabellula, Cardium porrulosum,* etc., et fragments de roches calcaires ou ferrugineuses renfermant les mêmes fossiles (zone à *Lenita patelloïdes* de Cassel) ;

4° Lit graveleux avec *Nummulites lœvigata* et *Heberti* roulées ;

5° Sables laekéniens sans fossiles appartenant à deux niveaux : l'un, inférieur, jaunâtre et graveleux ; l'autre, supérieur, d'un blanc grisâtre, généralement fin ;

6° Argile glauconifère laekenienne (chemin de Meteren) ;

7° Un sable indéterminable : Miocène ?

8° Enfin l'assise si bien développée des sables ferrugineux Diestiens.

Les sables de Mons-en-Pévèle commencent probablement la série sableuse de la colline ; mais nous n'en connaissons pas d'affleurement bien manifeste, et nous avons lieu de penser que leur caractère minéralogique peut se rapprocher parfois de celui de l'assise panisélienne.

Toutes ces assises plongent assez fortement du nord-est au sud-ouest.

Opinion de M. Meugy sur l'absence des sables coquilliers de Cassel.

La série des terrains constituant le Katsberg est donc plus complète que ne le pensait M. Meugy. Dans le chapitre où il décrit ce mont, ce géologue dit en effet « qu'il n'y existe pas de trace des sables coquilliers supérieurs de Cassel. » Or les couches 3 à 6 comblent évidemment cette lacune.

La présence des débris de grès et des roches siliceuses fossilifères, signalés dans le diluvium (chemin du nord), semble indiquer de plus que les bancs solides intercalés à Cassel dans ces sables, ont pu être autrefois représentés pareillement au Mont-des-Chats. Peut-être même les bancs existent-ils en quelque point dans l'épaisseur du mont, mais la difficulté d'observation ne permet pas d'aller au-delà des ces conjectures.

La figure qui suit (n° **16**) donne la coupe générale de cette colline.

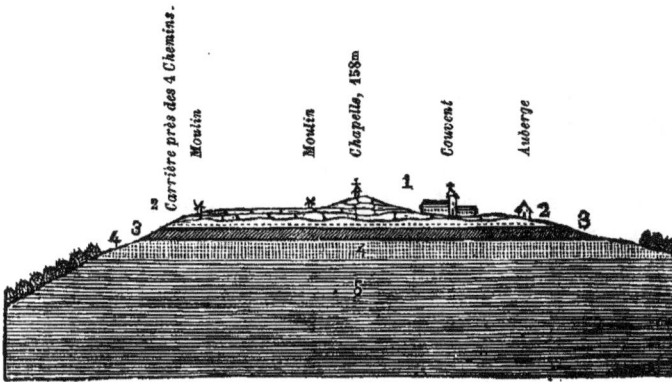

Fig. 16.

Coupe du Mont-des-Chats.

1 Pliocène.   Assise : Sables de Diest.

2   »   Laekénienne.

3   Eocène moyen   »   Bruxellienne.

4   »   Paniselienne.

5 Eocène inférieur   »   Argile des Flandres.

CHAPITRE V.

MONT DE BOESCHEPE.

La cote de ce mont, au Moulin de Boëschepe qui en marque le point le plus élevé, est de **137ᵐ**, c'est-à-dire inférieure de **21ᵐ** à celle du Mont-des-Chats.

On peut s'y rendre en descendant de cette dernière colline par le chemin qui conduit à Berthen et en prenant, à courte distance de l'auberge voisine du couvent (voir au chapitre précédent), une petite voie qui coupe la première à angle droit sur la gauche, et mène en peu de temps à la bifurcation dite des Cinq-Chemins et au sommet du mont. En suivant cette direction on aborde immédiatement les assises supérieures.

En partant de Berthen, au contraire, on peut voir la série des couches qui constituent la colline se développant de la base au sommet ; nous suivrons cet autre itinéraire.

Observations effectuées dans le chemin qui part de Berthen. Prenons le pavé qui, de ce dernier village, se dirige vers celui de Boëschepe et aboutit, au-delà de la frontière belge, au bourg de l'Abeele ; il aborde immédiatement les premières ondulations de terrains supérieures à l'argile et mène rapidement à une tranchée qui se développe progressivement des deux côtés de la route. Au début de cette partie encaissée, on peut découvrir dans le talus de gauche, sous les ronces et les taillis, les successions suivantes. :

1° Limon. . . . . 0^m 50

2° Sable argileux mêlé de glauconie (Laekénien). . 0 20

3° Petit lit de gravier fin. 0 08

4° Sable fin, jaunâtre, doux, sans fossiles (zone des
    sables Laekéniens sans fossiles) 0 35

5° Sable glauconieux, jaunâtre, à grains assez gros,
    (Bruxellien, zone des sables sans fossiles de
    Cassel), passant sans contact visible aux sables
    verdâtres Paniséliens. 6 00

Le sable n° 2 gagne en épaisseur à mesure que l'on s'élève et au sommet de cette première côte, il forme à lui seul toute la hauteur de la tranchée; son importance, depuis son point de départ, peut être évaluée à 12 m.; on y remarque, en outre, à sa partie supérieure, une veine d'argile grise, sous 0^m,20 de limon avec cailloux roulés.

Il est question de cette tranchée dans l'ouvrage de M. Meugy, qui l'a visitée au moment où elle était pratiquée pour le passage de la route de Labèele.

Cet auteur y indique, p. 171 : « vers six mètres de profondeur, au milieu des sables verts supérieurs à la glaise, une petite couche fossilifère consistant en une pâte argilo-sableuse, blanche, dans laquelle on distingue des grains noirs de silicate de fer et de la glauconie altérée.» *Couche fossilifère indiquée dans cette tranchée par M. Meugy.*

Les moules de fossiles que l'on y a recueillis appartiennent, dit-il : « aux genres *Turritelle (T. imbricataria), Cardium (C. porrulosum), Ostrea, Cypricardia, Cytherea, Voluta, Mytilus, etc.* », plus un grand moule attribué à la *Cypræa Coombii* ou à l'*Ovula tuberculosa* (Deshayes), dont nous avons déjà parlé dans la description de la deuxième carrière Grandel, aux Récollets.

Cette couche correspond parfaitement, par ses caractères minéralogiques et ses fossiles, à celle indiquée à Cassel, dans le sentier situé sous le cimetière, puis au bas du mont des Récollets et désignée sous l'expression : *de zone à Turritelles.* On ne la retrouve plus, actuellement, à fleur des talus, où elle est cachée par la végétation ou par quelque remblai, mais l'observation qu'en a faite M. Meugy concorde avec les indications précédentes en les complétant.

Dans quelques renseignements donnés sur Boëschepe, M. Lyell, en parlant de ce même point et de la même couche, qu'il désigne sous le nom de *Glauconite de Boëschepe*, a, selon nous, *Opinion émise par M. Lyell, au sujet de la même couche.*

fait confusion en la portant comme équivalente à la *Bande noire* de Cassel, c'est-à-dire, *laekénienne* selon lui, ou *tongrienne*, d'après la classification adoptée par M. Meugy. En effet, les fossiles indiqués à propos du gisement sont les mêmes dans ces deux auteurs et l'on n'y remarque aucune espèce caractéristique des sables appartenant à l'une des zones laekéniennes de Cassel, mais bien celles que l'on rencontre plus bas dans la série, à la limite extrême de l'assise Bruxellienne.

Carrière Vermesch.

En quittant la route un peu au-delà de la station précédente et en se dirigeant sur la gauche, vers le premier moulin qui domine cette partie ondulée de la colline, on trouve, à un niveau plus élévé que le précédent, une sablière appartenant aux enfants Vermesch, dont l'habitation est voisine. On y observe, en talus :

1° Limon 1ᵐ 50

2° Diluvium, constitué principalement par des roches Diestiennes 0 60

Diestien.

3° Sable rouge-brunâtre, à grains demi-gros, offrant à sa partie moyenne une ligne interrompue de cailloux roulés de silex. . . . 1 00

4° Nouvelle ligne de silex roulés, en lit très-ondulé 0 00

Laekénien.

Zones laekéniennes supérieures de Cassel.

5° Argile sableuse glaucopifère, bigarrée de zones rosées, noirâtres, grisâtres, avec quelques nids de glauconie presque pure (argile supérieure de Cassel). . . . . 2 à 3ᵐ

6° Bande argilo-sableuse, avec moins de glauconie, blanchâtre. 0 60

Toutes ces couches plongent fortement vers l'est ; la dernière ravine la suivante :

7° Sable fin, assez doux, légèrement micacé, jaune-
    chamois dans le haut, sur 0,30°· et devenant
    très-blanc à la suite, sur une épaisseur vi-
    sible de . . . . . · **4 00**

Ce dernier sable, horizontalement stratifié, correspond par ses
caractères minéralogiques, à celui de la fouille de M. Grandel,
au Mont-des-Chats.

Cette coupe se poursuit vers la droite, sur le revers de la côte,
à un niveau inférieur à celui du sable N° 7 ; on y observe,
d'abord :

Une masse de sable quartzeux, gris-jaunâtre, à grains moyens,
offrant des lits pressés de fossiles décomposés, où nous avons
pu distinguer cependant : l'*Ostrea flabellula,* une *Turritelle* et
un exemplaire altéré de la *Nummulites lævigata.* Cette couche
nous a semblé correspondre, par l'ensemble de ses caractères,
à celle relatée sous le N° 6 au Mont-des-Chats, dans la coupe
prise en-deçà de l'auberge voisine du couvent ; elle se rapporte
à la zone des sables à *Lenita patelloïdes* de Cassel ; l'épaisseur
visible du sable est de **1,50.**

Zone à Lenita patelloïdes (de Cassel).

A sa base apparaît le commencement d'une assise plus ancienne, que l'on trouve bien développée dans une autre exploitation très-voisine. Celle-ci est contiguë à la grand'route et
donne comme il suit la continuation de la série :

1° Limon et diluvium. **1ᵐ 00**

2° Sable glauconieux gris-jaunâtre ou verdâtre ;
    offrant dans sa masse des lignes de stratifica-
    tion légèrement ondulées, sans fossiles ; partie
    visible. **4 00**

Exploitation des sables glauco-nieux inférieurs f

Le caractère minéralogique et la position de ce dépôt le

font rapporter à l'assise de la glauconie panisélienne (sables inférieurs de Cassel et des Récollets).

Avant de nous éloigner de cette partie de la colline, indiquons
encore, sous le moulin qui domine la carrière des enfants Vermesch, une autre particularité :

Sous une succession de roches *diestiennes* et de lits minces
d'argile rosée et de galets, appartenant à la même assise, se
présentent des sables jaune-rougeâtres, à grains quartzeux,
glauconifères, zébrés de veines blanchâtres avec des lits de
fossiles pressés et décomposés, le tout épais de deux mètres.

Rappelons qu'à quatre ou cinq mètres plus bas on rencontre,
sous la même assise pliocène, le Laekénien bien net.

La nature minéralogique de ces nouveaux sables les rapproche
beaucoup de ceux du Bruxellien; mais leur position élevée et
l'absence de toute relation visible avec les couches dont nous
venons de parler ne nous permet pas de nous prononcer avec certitude sur leur origine.

On rencontre, du reste, dans l'étude de cette petite chaîne
de collines, des difficultés nombreuses résultant de causes
diverses que l'on nous permettra d'indiquer brièvement : les
couches y présentent, dans leurs éléments, une grande unifor-
mité ; elles sont presque uniquement sableuses, fréquemment
altérées dans leur composition ou colorées par des substances
étrangères, déviées de leur position normale et presque toujours
dépourvues d'indications paléontologiques.

Les démarcations stratigraphiques font même défaut la plupart du temps entre des assises tout à fait différentes; de sorte
que l'on est facilement conduit à penser qu'une partie des éléments constitutifs de ces collines, au centre de la chaîne surtout,
entre Cassel et le Mont-Aigu, au lieu de s'être déposés sous les
eaux, seraient plutôt le résultat de formations littorales de même
nature que les dunes actuelles de nos côtes.

Revenons à la route de Labeele. Au sortir de la dernière carrière on trouve, en marchant vers le village de Boëschepe, à une faible distance sur la gauche, un autre chemin, tracé à travers bois, qui traverse le haut de la colline, du nord-est au sud-ouest et conduit au Catsberg. A peu près vers le sommet du mont, et un peu en-dessous du moulin de Boëschepe, cette voie pittoresque, encaissée et ombragée sur presque tout son parcours, se dégage des taillis environnants et on peut relever sur ses derniers talus la coupe suivante : *Indications recueillies dans le chemin qui traverse le mont du N-E au S-O.*

1° Limon et diluvium **2ᵐ 00**

2° Argile sableuse glauconifère. 0 40

3° Bande de glauconie assimilable à la bande noire
de Cassel 0 30

4° Sable quartzeux et glauconieux vert-jaunâtre, avec débris de fossiles consistant en test calcaire.. . . . . 1 00

5° En stratification légèrement ondulée, sable moins jaunâtre et plus glauconieux, sans fossiles, visible sur une très-faible épaisseur mais qui se poursuit plus bas le long de la rampe.

Les couches 2 et 3 correspondent au Laekénien supérieur de Cassel ; le N° 4 à la zone bruxellienne à *Lenita patelloïdes*, et le N° 5 à l'assise paniséienne.

A quelque distance de là, le chemin atteint le point culminant de la colline et conduit à la bifurcation des cinq chemins, d'où l'on peut descendre vers Labeele ou se rendre en très-peu de temps au Mont-des-Chats, dont on n'est séparé que par un vallon étroit.

Le sommet du mamelon de Boëschepe, comme le plateau du mont voisin, est constitué par l'assise des sables de Diest ; celle-ci y est pareillement bien développée, surtout vers le sud-ouest. *Développement de l'assise des sables de Diest au sommet du mont.*

Entre autres coupes que l'on peut y remarquer, dans diverses excavations , nous citerons les deux suivantes :

1° *Carrière située entre les deux moulins.*

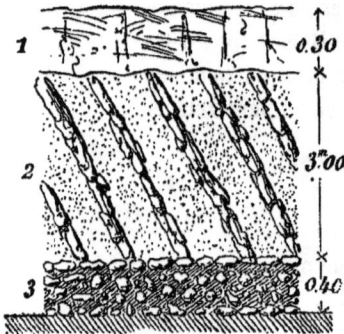

Fig. 17.

1° Limon.. . . . . 0ᵐ 30

2° Grès diestiens en lits inclinés de 45° environ , séparés par du sable et du gravier. . . 3 00

3° Cailloux roulés , généralement libres, arrondis, parfois très-gros, en lit horizontal . . . 0 40

2° *Carrière voisine du moulin de Boëschepe.*

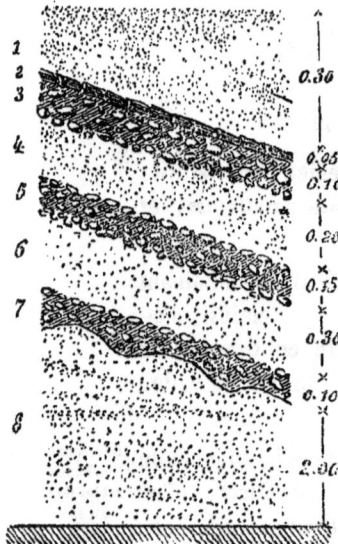

Fig. 18.

Pliocène.

1° Sable diestien , rouge brun , assez gros. 0ᵐ 30

2° Argile rouge. 0 05

3° Gravier. 0 10

4° et 6° Sable semblable au N° 1, ensemble. 0 40

5° et 7° Lits de cailloux roulés de silex 0 25

Eocène moyen (Bruxellien).

8° Sable quartzeux , avec traces de fossiles à l'état de moules, partie visible. 2 00

Ces successions de lits de galets, séparés par des dépôts de sable, indiquent que des phases diverses se sont produites lors de la formation de ces couches, c'est-à-dire des temps d'arrêt suivis de mouvements de reprise dans la sédimentation. Quant à leur inclinaison partielle, convient-il d'y voir l'effet de quelques failles ou simplement des accidents locaux produits par des affouillements diluviens ? En tous cas, cette disposition anormale mérite d'être signalée.

Des traces évidentes de corrosion se rencontrent aussi fré- quemment dans les roches de cette assise, recueillies à différents niveaux. De plus, dans les carrières que l'on vient de décrire, les couches inclinées plongent non pas vers la plaine, mais vers le centre de la colline d'environ 8° ; ce qui semble indiquer soit un affaissement qui se serait produit au milieu du mont, soit un déplacement du sommet primitif de ce dernier.

En résumé, la colline de Boëschepe présente successivement, du faîte à la base : *Résumé sur la structure du mont.*

1° *Les sables de Diest*, dont le plus grand développement s'accuse au sommet du mont, autour du moulin de Boëschepe ; ils débordent sur le penchant sud-ouest au-delà du plateau, et on peut les suivre de ce côté jusqu'aux approches de la carrière Vermesch. Leur épaisseur totale est difficile à apprécier, parce que l'on n'en découvre la base dans aucune des carrières ou- vertes dans cette assise.

2° *L'argile sableuse verdâtre, laekenienne.* Celle-ci, à son ma- ximum d'élévation, apparaît dans le petit chemin qui traverse le mont du nord-est au sud-ouest, puis successivement : à la carrière Vermesch et au sommet de la tranchée dans laquelle passe le pavé de Berthen à Boëschepe et l'Abeele. En ce der- nier point nous lui avons donné douze mètres d'importance.

3° *Les sables fins jaunes et blancs*, succédant à la zone pré- cédente, dans la carrière Vermesch ; ils appartiennent à l'assise laékenienne (zone des sables sans fossiles). Leur épaisseur, visible en cet endroit, est de six mètres ; ils n'apparaissent guère nettement en d'autres points du mont.

4° Une couche de *sables quartzeux, gris-jaunâtres, à grains moyens, avec lits de fossiles décomposés*, rencontrée dans le chemin qui traverse le mont du nord-est au sud-ouest, d'une part, et de l'autre en contre-bas de la carrière Vermesch ; celle-ci a été assimilée à la zone sableuse à *Lenita patelloïdes* de Cassel. Nous estimons son importance totale à cinq ou six mètres.

5° *Les sables glauconieux verdâtres*, appartenant à l'assise *paniséliennne*, indiqués successivement à la base de la colline, dans la première tranchée explorée, puis plus haut, dans la même direction, en une grande carrière voisine du pavé de Boëschepe (voir troisième partie de la coupe prise à partir de la sablière des enfants Vermesch).

Comme on a pu le voir déjà au Mont-des-Chats, cette dernière assise, à partir de Cassel, prend une plus grande importance dans la constitution des collines, à mesure que leur élévation diminue et que l'on s'avance davantage vers le nord-est de la chaîne ; elle semble atteindre ici à une vingtaine de mètres.

CHAPITRE VI.

MONT-NOIR.

Ce Mont, élevé de 131 mètres, se rattache au précédent par la butte de Kollœreele et d'autres ondulations secondaires, constituées principalement par l'argile des Flandres ; cette dernière formation affleure quelquefois dans les bas fonds qui séparent ces divers mouvements de terrain, mais plus haut elle est généralement recouverte par le limon et les débris diluviens.

Sa situation. Quand on sort de Bailleul par la route de Saint-Jans-Cappel, le Mont Noir attire le premier l'attention, au milieu du cercle de collines qui forment, de ce côté, à la ville, une riante ceinture ;

il est très-accidenté, couvert de cultures et de bois de la base jusqu'au faîte; aussi en a-t-on fait depuis longtemps un but de promenade assez fréquenté durant la belle saison.

Sa forme est celle d'une côte allongée, orientée de l'Est à l'Ouest, plus élevée dans cette dernière direction, où elle est surmontée de quelques moulins et dominée de l'autre côté par un petit castel, hardiment posé sur une arête presque vive et que l'on aperçoit de tous les points de la vallée. Au N. O., il atteint la limite du département; ses derniers plans s'étendent même un peu au-delà de la frontière, et se relient aux éminences du territoire Belge: le Mont Vidaigne, le Mont Rouge, etc.

Plusieurs routes y donnent accès: celle qui passe à Saint-Jans-Cappel et conduit en même temps au Mont-des-Chats et à Boeschepe, puis un nouveau pavé construit récemment de Bailleul à Ypres; occupons-nous de la première:

Le village de Saint-Jans-Cappel est situé au pied même du Mont (à 3 kilomètres de Bailleul), sur le bord de la route; ce court trajet effectué, on peut gravir la colline par deux points différents; à droite, au premier coude formé par les habitations, s'ouvre un chemin assez ardu, dont il sera question plus loin; il conduit vers l'ouest à la pointe la plus élevée du plateau; un peu plus avant dans le village, un sentier traverse quelques vergers et aboutit à une autre voie, qui aborde la côte par le sud, vers la partie centrale.

Sur ce dernier versant, la présence de l'argile des Flandres à la base des sables inférieurs, facile à constater, offre un inté- rêt particulier: elle donne naissance à un certain nombre de sources, les unes utilisées par les fermes et les habitations si- tuées à ce niveau, d'autres apportant leur tribut jusqu'à Bailleul, où elles alimentent une fontaine publique sur la place *Saint-Waast;* le surplus forme encore une petite becque ou ruisseau qui passe au milieu de Saint-Jans-Cappel.

Présence d'un certain nombre de sources sur le versant sud du mont.

Ces eaux, d'excellente qualité, sont une ressource précieuse pour la ville de Bailleul, d'autre part assez mal dotée sous ce rapport; recueillies d'abord sur le mont dans des réservoirs maçonnés en forme de puits dont l'altitude varie de 72 à 80^m.58, elles franchissent la vallée sous le sol, au moyen de tuyaux de conduite qui descendent jusqu'à 24^m,06, et viennent s'échapper au point culminant de Bailleul, coté à 47^m.

Alimentation de la fontaine de Bailleul. En 1845, lorsque ces travaux furent inaugurés, l'apport d'une seule source suffisait à l'alimentation utile de la fontaine : depuis, on a augmenté le chiffre des prises-d'eau et des puits collecteurs, portés aujourd'hui à 5 ou 6, et leur débit se trouve parfois encore trop faible dans la saison d'été.

Revenons à la partie de la colline où peuvent s'observer quelques-uns de ces détails.

Le sentier mentionné en second lieu aboutit à un chemin de terre qui suit quelque temps les contours d'un vallon tapissé à sa partie inférieure de prairies verdoyantes et bordé de champs cultivés. La montée, d'abord très-douce, s'accentue davantage et pénètre bientôt dans une zone boisée, où se rencontrent sous les arbres les premières sources.

Sur la droite, à quelques pas d'une petite maison occupée par le sieur Losterie, apparaissent quelques légères dépressions, où séjourne toujours une certaine quantité d'eau, et deux réservoirs appartenant à la ville.

En continuant à suivre la rampe, on trouve encore d'autres sources et quelques puits, notamment près des fermes occupées par les sieurs Debeer et Pouillart.

Affleurement de l'argile des Flandres. En ce dernier point on reconnaît, sous l'eau, l'argile bleue des Flandres.

Nous avons recherché s'il était possible de constater à ce niveau, compris comme on l'a dit déjà entre les côtes de 72 et 80^m., la présence des sables de *Mons-en-Pévèle;* près de la maison du sieur Losterie, nous avons observé un sable argileux gris-jaunâtre, assez fin, que l'on pourrait rapprocher des sables Ypresiens de la tranchée d'*Hollebecke*, sans être toutefois bien assuré de ce parallélisme.

Plus haut, la côte plus raide se dégage des taillis, les cultures reparaissent et l'on se trouve à **25** ^m environ sous le castel de M. Dufrenne.

Un sentier, près duquel on reconnaît un affleurement du sable *paniselien*, conduit de là rapidement en haut de la côte.

L'autre chemin, dont il a déjà été question, prend naissance vers l'Est, à l'entrée du village. Il pénètre dès son début dans l'assise argileuse formant la base de la colline; on s'en aperçoit aux ornières profondes qui le sillonnent et le rendent souvent impraticable aux voitures, même pendant la belle saison. On y a tracé sur l'un des côtés, pour l'usage des piétons, une sorte de petit sentier où les pas sont marqués par des grès espacés, tirés de la montagne; cet usage est assez répandu dans les Flandres, le long des routes qui traversent les nombreux affleurements de la glaise.

Observations dans le chemin de l'Est.

Plus haut, on atteint les couches sableuses et l'on peut remarquer des deux côtés du chemin, sous le diluvium, des sables quartzeux, jaunes ou rouges, dont le caractère n'est pas toujours très-net, mais dans lesquels on reconnaît parfois les sables verdâtres inférieurs, altérés par la décomposition de la glauconie ou par la teinte ferrugineuse que leur donne le contact des sables de Diest; on verra ces deux assises bien représentées plus loin.

A l'approche du sommet, vers la gauche, est ouverte une grande sablière, où sont exploités les sables inférieurs, quartzeux, gris-verdâtres, mélangés de glauconie, à grains moyens, dont on a constaté la présence déjà, à la base des Monts de Boëschepe, des Chats et à Cassel. On y relève la coupe suivante :

Grande sablière. Sables Paniséliens.

1° Limon brun . . . . 1^m 50

2° Diluvium 1   00

3° Sable brunâtre, argileux, cohérent. 3   50 à 5^m

4° Ligne de séparation très-légèrement indiquée
par l'aspect différent des sables. . . . . .

5° Sable quartzeux chargé de glauconie, gris-
jaunâtre et micacé, offrant de petits nids
de 0.02 à 0.05 de diamètre de grains noirs
manganésifères et quelques rares débris calcaires pouvant provenir de fossiles ; épaisseur visible . . . .   6^m 00

Coupe prise vers la partie culminante du mont. Au-delà de la carrière, la rampe continue et le chemin s'encaisse brusquement au milieu des formations supérieures déjà
rencontrées à Boëschepe et au Mont-des-Chats. Leur contact
avec les dépôts précédents n'est pas visible, mais on reconnaît
successivement à partir de la base de la tranchée, sur la gauche :

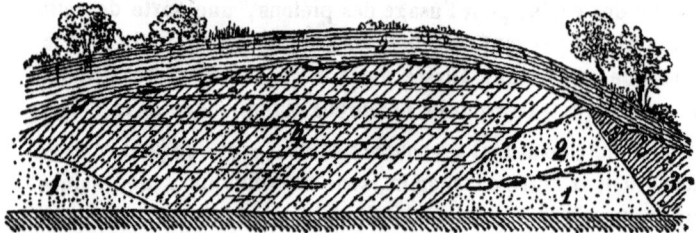

Fig. 49.

Laekénien.

1° Les sables fins, doux, blanchâtres ou jaunâtres,
micacés, avec veines ocreuses légèrement concrétionnées de la carrière Vermesch (*Boëschepe*) et de la fouille Grandel (*Mont-des-
Chats*, zone des sables sans fossiles) . . . .   3^m 00

2° Les sables fins, jaunes-verdâtres, glauconieux,
avec petits grains de quartz anguleux translucides et lit de concrétions ferrugineuses (même
zone, 2° niveau, Mont-des-Chats) 1 00

3° L'argile sableuse jaunâtre, glauconieuse, suivie

depuis Cassel ; mêlée de concrétions ferrugineuses, elle offre ici des moules et des empreintes nombreuses de fossiles désignés dans
la liste donnée lors de la discussion de l'âge
de cette couche *(Récollets*, p. 67)..   1   00

Couches miocènes ?

4° Des sables grisâtres ou brunâtres, assez fins,
mêlés de glauconie, un peu micacés, terminés
à leur partie supérieure, sur la gauche, par
une bande horizontalement stratifiée, avec des
traces calcaires semblables à des débris de
coquilles ; épaisseur évaluée à. . . . . . . 3^m 00

5° Diluvium.

La masse sableuse N° 4, traversée de lits minces d'argile,
fréquemment éboulée et pénétrant en poches dans les couches
laekéniennes, s'exhausse irrégulièrement de quelques mètres
sur la droite, dans la direction d'un vieux moulin dégarni de
ses ailes ; les sables diestiens la recouvrent à leur tour ; elle
correspond à des couches analogues, comprises également entre
le Diestien et l'Argile glauconifère supérieure, et signalées déjà,
notamment au Mont-des-Chats et à Boëschepe. En ce moment
nous nous bornons à constater la présence continue de ces lambeaux vers la partie supérieure de la Chaîne de Bailleul.

Au dessous du moulin se présente une petite voie particulière
descendant en pente douce vers le château de M. Dufrenne ; elle
longe la crête escarpée du versant sud de la colline, à 30 ou 40
mètres au-dessus de l'affleurement des sources dont il a été
question. Du côté de la pente, couverte de bois épais, les observations ne sont pas possibles, mais sur le bord opposé de la
route affleure, sous le Diluvium, une couche mince d'un sable
jaunâtre fin, un peu âpre au toucher qui semble appartenir *à la
zone Laekenienne sans fossiles;* il n'est à découvert que sur une
faible épaisseur et sans autre contact en ce point.

Aux approches du château, sous un bouquet de sapins que domine un observatoire de forme rustique, on exploite en plusieurs points, presqu'à la surface du sol, les grès et les sables Diestiens.

Au delà de ces constructions se présente un petit hameau traversé par le chemin encaissé qui descend au sud-ouest vers *Saint-Jans-Cappel*; quelques observations sont encore possibles de ce côté.

Indications relevées dans le chemin qui descend à l'ouest vers St-Jans-Cappel. A 250 pas environ au-dessous du cabaret de *Spring Fontaine*, placé à peu près au point culminant du hameau, à la première bifurcation du chemin, une source décèle de nouveau la présence de *l'argile des Flandres*; en remontant cette pente on retrouve successivement dans les talus divers affleurements qui peuvent servir de complément aux observations déjà effectuées au sud et à l'est de la colline, savoir :

1° A 2^m 00 verticalement au-dessus de la source ci-dessus : un affleurement d'argile des Flandres, bleue, avec ses caractères ordinaires; visible sur un mètre environ.

2° A 1 50 Le sable paniselien, jaune-verdâtre, avec zones grisâtres dans le bas; visible sur 2^m.50 et passant sans contact apparent au sable bruxellien.

3° A 3 50 Un sable jaune-rougeâtre, laekenien.

4° A 1 00 Une couche de sable assez fin, gris-brunâtre, chargé de glauconie, présentant à sa partie supérieure des débris calcaires horizontalement stratifiés, provenant peut-être de fossiles, 80c.

5° A 0 80 L'Assise diestienne en place, commençant par des filets d'argile rouge et des lits de galets, et se prolongeant 8 à 10 mètres plus haut jusqu'aux exploitations déjà indiquées en face du château.

Ces affleurements se développent, comme on le voit, d'une façon interrompue, sur une élévation d'une vingtaine de mètres environ ; ils concordent avéc les observations effectuées sur le côté Est , où la colline plus élevée offre cependant une plus grande épaisseur dans la plupart de ses assises.

Le petit plateau qui couronne le Mont est assez irrégulier et couvert de sables rougeâtres. On y reconnaît le Diestien dont on a déjà parlé ; il ne présente à ce niveau aucune particularité digne d'être signalée.

Si du plateau, on se dirige vers la frontière belge , on voit en face du cabaret de la Hotte-en-Bas , un talus bordant la nouvelle route de Bailleul à Ypres. Il offre les superpositions suivantes : Couche fossilifère en face du cabaret de la Hotte-en-Bas.

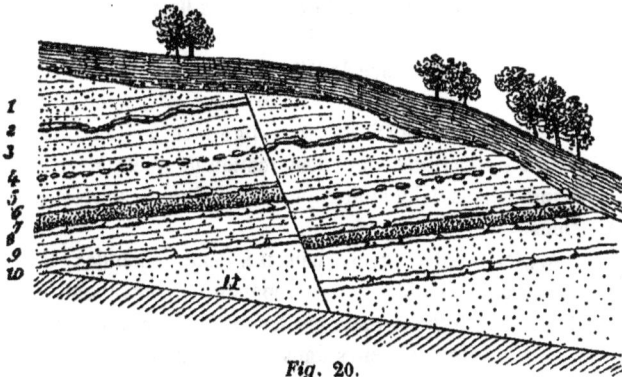

Fig. 20.

1 Sable argileux glauconifère de couleur brune . 1ᵐ 50
2 Lit de concrétions ferrugineuses. 0 03
3 Sable argileux glauconifère , de couleur un peu
    plus claire que le N° 1. . . . . 1 00
4 Lit de cailloux roulés de silex. . . . . . .
5 Sable argileux glauconifère, légèrement concré-
    tionné, renfermant quelques fossiles 0 90
6 Bande concrétionnée ferrugineuse, fossilifère . 0 10
7 Bande graveleuse, très-glauconifère, dite Bande
    Noire. 0 40

8 Bande de concrétions ferrugineuses fossilifères . 0 20
9 Sable fin , présentant de petites zones blanches
    et jaunes, renfermant beaucoup de traces de
    coquilles dans la partie supérieure où le sable
    est plus aggloméré 0 80
10 Concrétions ferrugineuses 0 15
 11 Sable jaunâtre, fin, doux, légèrement micacé 1 50

Stratigraphiquement ces détails reproduisent encore, au-dessus des sables laekeniens sans fossiles (n° 11), l'argile sableuse glauconifère de Cassel , avec quelques accidents locaux consistant dans la présence d'une ligne de cailloux roulés et de concrétions ferrugineuses et fossilifères ; une faille divise la coupe en deux parties (*fig.* 20).

Tout d'abord, l'abondance de l'élément ferrugineux, dans ces couches , semble y établir une certaine concordance minéralogique avec les sables de Diest, et la ligne de cailloux roulés (n° 4) paraît y constituer une démarcation de quelque valeur, mais les indications paléontologiques contredisent ces premières impressions.

En effet, les fossiles , généralement à l'état de moules, il est vrai, mais reconnaissables , sont répandus en abondance des deux côtés de la ligne formée par les cailloux en question ; ils sont les mêmes que l'on a cités dans la bande noire et dans l'argile glauconifère à Cassel et aux Récollets (page 67) et portent, comme l'a reconnu M. Nyst, le cachet de l'assise laekenienne.

M. Lyell a émis le même avis au sujet d'un certain nombre de coquilles recueillis dans cette zone, au Mont-Noir, et probablement au même gîte, par M. l'Ingénieur Curtel.

Un peu au-delà des talus dont on vient de parler, se présente sur le pavé de Bailleul à Ypres , une grande tranchée ouverte dans les sables inférieurs. Les indications qu'elle fournit sont les mêmes que celles relevées dans la grande carrière de l'Est, qui en est d'ailleurs très-voisine et ouverte à peu près au même niveau.

Au Mont-Noir se termine la partie française de notre second groupe de collines.

Il ressort des développements dans lesquels nous sommes entrés jusqu'ici à leur égard, que toutes ces éminences, posées sur la même base, présentent dans leur ensemble, et sous le rapport de la continuité de leurs assises, une certaine harmonie de composition.

D'un autre côté, si on les considère sous un point de vue moins général et que l'on compare entr'eux le petit massif de Cassel et celui des environs de Bailleul, on voit les mêmes subdivisions de terrains offrir sur leur prolongement des variations très-sensibles, tantôt dans leur caractère minéralogique, tantôt dans leur épaisseur, mais surtout dans l'absence fréquente de toute indication paléontologique. Des couches nouvelles apparaissent même à la partie supérieure, vers l'extrémité de la chaîne.

Essayons de résumer brièvement ces analogies et ces différences.

Dans le massif de Bailleul : 1° les sables fins et argileux de Mons-en-Pévèle sont aussi peu visibles qu'auprès de Cassel, nous en avons cependant relevé quelques traces au Mont-Noir.

Peut-être pourrait-on rapprocher de la même assise la partie inférieure des sables glauconieux, à grains moyens, qui se développent si largement dans les deux grandes carrières du Mont-Noir ; une ligne discordante les sépare d'une manière continue, du niveau supérieur portant le cachet panisélien, mais ce qui semble en diminuer l'importance c'est, qu'à part la couleur, la nature des sédiments varie très-peu des deux côtés de cette limite.

Une autre circonstance ajoute encore à la difficulté de se prononcer nettement à cet égard : la partie supérieure de l'argile et son contact avec les derniers sables ne sont nulle part bien à découvert depuis Cassel jusqu'à la frontière.

2° Les sables paniséliens sont partout analogues à ceux des

Récollets, peut-être un peu plus développés; toutefois on n'y voit pas trace de tuffeau, ni de grès, et les indications paléontologiques y sont presque toujours absentes.

3° L'assise Bruxellienne, si fossilifère à Cassel, est faiblement représentée plus loin : les bancs solides manquent au Mont-Noir et à Boëschèpe, à peine en trouve-t-on des débris, à l'état remanié, au Mont-des-Chats; la zone inférieure *à Turritelles* y fait généralement défaut; on la reverra cependant dès les premières collines belges.

4° Dans le Laekenien, la première zone des sables fins à *Nummulites variolaria* et celle à *Nautilus* et à *Cerithium giganteum* de Cassel ne sont pas représentées.

Aux sables sans fossiles correspondent deux zones de sables : l'une, inférieure, généralement jaunâtre, avec petits grains de quartz anguleux et translucides, reposant en quelques points (Mont-des-Chats), sur un lit de *Nummulites Heberti* et *lævigata* roulées, l'autre formée de sables plus fins, doux, blanchâtres ou jaunâtres, sans fossiles (type : carrière Vermesch, *Boëschèpe*).

La zone Laekenienne supérieure est bien développée : l'argile glauconifère de Cassel se poursuit jusqu'à la pointe extrême du Mont-Noir, à la limite du département, avec ses caractères minéralogiques constants; en ce dernier mont elle est très-fossilifère.

5° Au-dessus du niveau précédent apparaissent pour la première fois, au Mont-des-Chats, à Boeschepe et au Mont-Noir, dans la même position stratigraphique, c'est-à-dire toujours compris entre l'argile glauconifère et les sables de Diest, deux zones sableuses d'un caractère différent :

L'une, tantôt gris-verdâtre ou brunâtre, glauconieuse, à grains moyens; l'autre, jaune, micacée, quelquefois argileuse et légèrement concrétionnée, très-voisine par sa composition et son aspect d'un sable que l'on rencontre immédiatement dans les premiers monts belges, en situation identique, et que Dumont semble avoir classé dans l'étage miocène.

Aucune coupe ne nous a encore présenté simultanément ces

deux sables; nous ne pouvons donc établir s'ils appartiennent ou non, malgré leurs différences minéralogiques à la même formation, de même que leur manque de fossiles ne permet pas de fixer leur âge bien exactement.

6° L'assise des sables de Diest, constante dans toute la chaîne, est surtout remarquable au Mont-des-Chats et à Boeschepe par la puissance et l'inclinaison de ses couches.

SECTION III.

COLLINES BELGES.

CHAPITRE I.

MONT VIDAIGNE.

Entre le Mont-Noir et le Mont-Rouge se trouve intercalé un mamelon de peu d'importance : le Mont-Vidaigne.

Placée à la gauche du chemin qui, partant du cabaret de *La Hotte-en-bas* cité précédemment, conduit du Mont-Noir au Mont-Rouge, cette faible éminence que l'on remarque à peine et dont le nom est même ignoré des habitants du pays, est comprise dans un triangle de petites voies, dont le plus grand côté ne mesure pas 500 mètres.

Les flancs, qui offrent seuls quelques indications sur sa structure, ne présentent que de faibles talus boisés, et l'on n'y remarque que les sables de Diest superposés à des sables jaunâtres, assez fins, sans fossiles, que l'on retrouvera en situation semblable mais plus nette et mieux développée, dans la colline suivante.

A un niveau plus bas et plus rapproché de la frontière française, on retrouve dans un autre chemin de terre qui descend à gauche vers la plaine : le sable fin, jaunâtre sans fossiles de *La Hotte-en-bas* superposé à un sable plus gros, recouvrant à son tour l'assise Panisélienne.

Cette petite série est un trait-d'union de plus entre les formations que l'on verra se continuer dans les éminences suivantes.

CHAPITRE II.

MONT ROUGE.

Sa situation. Ce mont qui ne semble guère élevé de plus de 30 à 40 mètres au-dessus de la plaine, touche immédiatement au précédent. Sa forme est celle d'une ellipse irrégulièrement allongée de l'est à l'ouest, et il est presque partout couvert de bois et de taillis.

La nature éminemment sableuse de son sol, qui ne se prête pas il est vrai à des cultures variées, y est utilisée, comme on le remarque surtout dans les collines belges, en plantations de sapins ; de petits bouquets de bois de cette essence se développent particulièrement sur ses flancs un peu escarpés, au N.-E., et s'élèvent de ce côté jusqu'à l'étroite butte qui le termine ; au sommet est assis un moulin portant dans le pays le nom de *Ondanck molen.*

Sables de Diest. Le Mont-Rouge doit son nom, selon toute apparence, à la couleur vive qui signale les sables de Diest et à la grande surface qu'ils y envahissent. Ceux-ci, en effet, répandus partout sur les talus et dans les chemins, y donnent à la superficie du sol une teinte de sanguine très-éclatante.

Ces sables, et les roches ferrugineuses qui les accompagnent, y sont exploités en plusieurs endroits, notamment aux environs du moulin et dans la première partie du chemin qui traverse le mont dans sa plus grande longueur.

Indiquons en ce dernier point une entaille de quatre mètres de hauteur, dans un talus, présentant le sable de Diest assez gros, quartzeux, ocreux, veiné de bandes plus foncées et traversé par de nombreux lits de gravier.

Un peu plus loin, sur la droite, un autre chemin coupe la voie transversale dont il vient d'être question : celui-ci conduit à l'est vers le village de Locre, situé de ce côté à une courte distance de la colline. Vers son extrémité, ce chemin, encaissé entre deux talus, pénètre dans les couches inférieures du mont et l'on peut y relever les indications ci-après :

Sur le talus de droite :

1° Sable fin rougeâtre (par altération) dans le haut, et vert et très-glauconieux dans le bas. . . . **2 à 3**^m

2° Roche calcaréo-sableuse, blanchâtre, semée de grains de glauconie, pétrie de fossiles parmi lesquels on remarque surtout : *Turritella edita, Cardium obliquum et porrulosum, Bifrontia serrata, Nucula fragilis*, etc. **1 00**

3° Sable très-glauconieux verdâtre, offrant à sa partie supérieure un lit mince d'*Ostrea flabellula* de grande taille, puis, disséminés parmi de nombreux débris de fossiles : la *Cardita elegans, Corbula pisum, Pectunculus ;* partie visible . . . . **1 à 2**^m

Les mêmes couches se répètent sur le côté opposé de la voie, le tout sur une longueur de six à sept mètres ; elles correspondent exactement à la *zone à Turritelles* de Cassel.

Si l'on reprend le grand chemin indiqué au début de ce chapitre, on rencontre vers le nord-est, un peu au-delà de la butte sur laquelle est posé le moulin, une autre partie très-encaissée offrant les intéressantes superpositions qui suivent :

Couches miocènes.

1° Sables rougeâtres, assez fins, légèrement mica-
    cés, avec quelques grains rares de glauconie
    très-fine. 0ᵐ 60

2° Sables gris-jaunâtre, fins, un peu micacés, plus
    glauconieux que les précédents, légèrement
    argileux. 2 50

3° Lit de petits cailloux roulés, en ligne ondulée .

Laekénien.

4° Argile grise à pâte fine, passant à la suivante. 1 75

5° Une argile schisteuse tachée de rouille, sa-
    bleuse à la base 0 40

6° Bande glauconieuse dite bande noire 0 40

7° Sable blanchâtre fin, sans fossiles, pointillé de
    glauconie, contenant quelques grains de
    quartz anguleux. 1 50

Bruxellien.

8° Sable grossier et glauconifère. 1 50

9° Bancs calcaréo-sableux et sables fossilifères à
    Turritelles, Cardita elegans, Cardium porru-
    losum et Ostrea flabellula 3 00

Panisélien.

10° Sable quartzeux sans fossiles, visible 3 00

Cette coupe, à part le Diestien, résume toute la structure
du mont.

Les sables 1 et 2 correspondent à ceux que nous avons indiqués
déjà au Mont-des-Chats (sablière à la bifurcation des 4 chemins),
à Boëschepe, etc., mais dans une situation stratigraphiquement
incomplète. Leur position entre l'argile glauconifère de Cassel
et l'étage Diestien, jointe à la ligne séparative N° 3, donne ici
quelque valeur à l'origine miocène que nous leur avons attribuée.

MT ROUGE.

Chemin du Moulin vers Locre

Fig. 24.

Les indications ci-dessus correspondent à celles de la coupe précédente.

D'autre part, la ligne de cailloux roulés les sépare nettement de l'argile et leurs caractères minéralogiques les rapprochent assez bien des couches sableuses, constituant en Belgique le Rupelien Inférieur.

La classification des couches suivantes se trouve justifiée par les indications développées dans les chapitres précédents.

A quelques pas plus loin on retrouve des affleurements du sable N° 10, bientôt recouvert par le diluvium qui forme les derniers talus de la pente et l'on se trouve, au bas du mont, à peu de distance du petit village de Locre, avec le Mont-Aigu à l'horizon.

CHAPITRE III.

MONT KEMMEL.

Sa situation. On donne ce nom à un groupe de petites côtes qui s'élèvent en pente douce à deux kilomètres environ à l'est du Mont-Rouge.

La plus importante occupe la partie centrale du groupe, c'est l mont Kemmel proprement dit, ou *Kemmel berg*. La plus septentrionale porte sur les cartes belges le nom de *Terriere berg*.

Du Mont-Rouge à ces collines, le trajet se fait en très-peu de temps par les sentiers tracés à travers le vallon qui les sépare.

Si l'on part de Bailleul, il convient de prendre la route de Locre, et, au sortir de cette localité, de marcher directement sur le mont, que l'on aborde alors par la pointe S.-O., faisant face au village de Dranoutre.

Nous avons suivi un autre itinéraire qui, en partant de notre chef-lieu, semble un peu plus court; il consiste à n'emprunter la voie ferrée que jusqu'à Steenwerck et à se diriger de là sur le village de Kemmel, par le Sceau et Neuve-Eglise, (*Nieukerque*).

A partir de la frontière française, très-voisine du Sceau, la route commence à s'élever graduellement, et un peu avant d'atteindre le bureau de la douane belge, on domine sur la droite une partie de la vallée de la Lys, dont l'encaissement, tout-à-fait insensible dans la plaine, s'accuse plus visiblement à ce niveau.

Un peu au-delà de Neuve-Église, on traverse un ruisseau, la Lynde, qui contourne la base du mont vers l'est. Ce petit cours d'eau coule sur l'argile, que l'on voit affleurer fréquemment sur la route depuis Steenwerck, tantôt dans les fossés, tantôt dans les prairies.

Présence de l'argile des Flandres à la base du mont

Sur la première côte que l'on rencontre un peu en avant du village de Kemmel, une briqueterie nous a offert, dans les déblais d'un puits creusé à quatre mètres de profondeur, jusqu'au niveau de l'argile, un sable gris, fin et doux, argileux et noirâtre par places, renfermant en abondance de petits cristaux de gypse. La nature minéralogique bien nette de ce sable et sa superposition immédiate à l'argile des Flandres, nous l'a fait rapporter à l'assise des sables de Mons-en-Pévèle ; toutefois nous n'y avons pas trouvé de fossiles.

Sables à Nummulites planulata.

En abordant le Mont dans cette direction, par le chemin de Dranoutre, on rencontre à 15 mètres environ au-dessus du niveau de la briqueterie, sous le couvert d'un bois, une petite exploitation de sable paniselien, glauconieux, gris-verdâtre.

Exploitation des sables Paniséliens.

Si l'on continue à s'élever de ce côté, on remarque encore sur la droite, vers le moulin qui domine la colline de Kemmelberg proprement dite, au sommet d'une rampe boisée d'où sort un petit ruisseau, les sables de Diest bien développés, avec roches et poudingues ferrugineux.

Sur le prolongement de la même route, le long du bois, côté N.-O., à cinquante pas du filet d'eau précité, se montre un sable grisâtre, rapporté à l'assise bruxellienne.

Presqu'au sommet de la butte principale, dans un petit chemin ombragé par de jeunes sapins, on observe en talus l'argile glauconifère laekenienne, avec le faciès ordinaire de Cassel, ayant à sa base une bande concretionnée, ferrugineuse et rougeâtre. Ce dépôt argileux détermine vers le N.-O. un niveau de sources assez abondant.

Sommet de la colline.

Panorama sur le pays environnant.

A quelques pas plus haut, on atteint le petit tertre dit de *Belle-Vue*, d'où l'on jouit d'un panorama complet sur toute la chaîne des collines, depuis Cassel jusqu'au Mont-Aigu. Le regard y embrasse une grande partie de la plaine flamande, et s'étend jusqu'à la ligne des dunes qui bordent la côte depuis Dunkerque jusqu'au delà de Furnes.

En descendant de ce point culminant vers le village, on traverse bientôt encore les sables de Diest, épais de quatre à cinq mètres, reposant sur une argile bigarrée rose et un sable doux et fin, sans fossiles (Laekénien).

La pente devient ensuite très-abrupte, couverte d'arbres et l'on n'y peut plus rien observer. Dans le bas, un chemin creux met à nu les sables verdâtres inférieurs, déjà signalés.

Ces derniers sont séparés de l'argile, qui apparaît un peu au-dessous dans les prairies, par une petite zone de sables fins, grisâtres, argileux, qui semblent se rapporter à ceux signalés dans la briqueterie. (Yprésien supérieur, sables de Mons-en-Pévèle.)

Observations recueillies sur le Terrière Berg.

Si, partant du village de Kemmel, on gravit la petite colline dite *Terriere Berg*, on rencontre fréquemment, sous le limon, le sable gris verdâtre inférieur; puis, vers le sommet, se présente une carrière très-intéressante.

Exploitation de sable Laekénien.

Carrière Veuve Naldt.

On y remarque, sous 1 mètre 50 centimètres environ d'argile sableuse schistoïde, veinée de rose (laekenienne):

Un sable fin, blanchâtre dans le haut, jaune-chamois dans

le bas, avec quelques grains de quartz, épaisseur : 2 mètres 50 centimètres.

Ces deux couches sont séparées, tantôt par une bande très-glauconifère (bande noire), tantôt par une ligne ferrugineuse schistoïde, feuilletée, et veinée de rose pâle. Le sable correspond à celui de l'une des carrières de Boeschepe (carrière des enfants Vermesch). Il repose en ce point sur une bande de 0 m. 30 de concrétions ferrugineuses, quelquefois géodiques et dans ce cas remplies de sable blanchâtre ; l'*Ostrea flabellula* et le *Cardium porrulosum* y sont abondants.

Enfin, sous ce dépôt ferrugineux gît le sable quartzeux, gris blanchâtre, bruxellien.

Un petit chemin descend de la carrière vers le Mont-Aigu ; il conduit, à courte distance, vers une autre exploitation appartenant à M. Verys Beghin, d'Armentières, où l'on voit, faisant suite aux formations précédentes :

L'assise paniselienne représentée par un sable gris-jaunâtre, glauconieux, à grains moyens, épais de deux mètres, reposant en stratification discordante sur un autre sable gris blanchâtre, visible sur 1 m. 50.

Nous pensons que cette dernière couche pourrait représenter ici la partie supérieure des sables de Mons-en-Pévèle, indiqués déjà en d'autres points de la colline.

En résumé, cette colline a de grands rapports avec celle de Boeschepe, mais elle présente, de plus que cette dernière, l'assise des sables de Mons-en-Pévèle, visible sur presque tout le pourtour du Mont. Quant aux autres dépôts : Glauconie du Mont Panisel, Bruxellien, Laekénien et Diestien, ils n'offrent rien de particulier, ni qui doive être spécialement remarqué.

Résumé.

CHAPITRE IV.

MONT AIGU.

Sa situation. Le petit mont, de forme très-conique, et dont la base mesure environ 200 mètres de diamètre, s'élève au nord-ouest, à une courte distance du Mont-Rouge et du village de Locre.

Il aurait semblé peut-être plus naturel de le décrire avant le Mont-Kemmel ; mais comme il présente cet avantage d'offrir dans sa composition plusieurs couches fossilifères que l'on ne retrouve nulle part aussi nettement dans toute la chaîne, depuis Cassel, nous avons pensé qu'il figurerait mieux à l'extrémité de la série, dont il est en quelque sorte le résumé en miniature.

Il semble très-peu élevé quand on l'aborde du côté de Locre et du Mont-Rouge, où il domine à peine de 30 ou 40 mètres les terrains environnants, dont la cote est d'à-peu près 70 mètres.

Présence, à la base du mont de l'argile des Flandres, des sables de Mons-en-Pévèle et de la glauconie du Mont Panisel. Vu du nord-ouest, au contraire, il domine la plaine qui s'étend vers Ypres d'une hauteur presque double de la précédente. Sur ce versant, au pied duquel la grande route de Locre à Ypres passe en tranchée, on remarque, du côté opposé au mont, une carrière ouverte dans les sables gris-verdâtres, sur lesquels il repose.

On peut relever dans cette exploitation les détails ci-après :

1° Limon brun de . . . . 1 à 2ᵐ
2° Diluvium 1   50
3 Sable remanié avec petits cailloux de silex. . . . 0   60

Assise paniselienne.

4° Sable gris, quartzeux et glauconifère, un peu argi-
    leux, micacé 0   80
5° Bande sableuse plus pure et à grains plus gros . . 0   40
6° Sable comme N° 4 1   50
7° Autre bande de sable pur pareille au N° 5. . . . 0   60
8° Sables comme ci-dessus, Nᵒˢ 4 et 6. 1   »
9° Ligne de stratification assez mouvementée, consis-

tant en concrétions argilo-sableuses terminées
par un filet d'argile . . . .

10° Sable gris-blanchâtre, pointillé de glauconie,
micacé, un peu plus fin que le précédent. . . 2 25

Ce dernier sable, d'après des renseignements recueillis dans
la carrière, se prolonge encore de quelques mètres et repose
sur l'argile. Sa position permet peut-être de le rapporter à celui
qui a été signalé en situation semblable sur le pourtour inférieur
du mont Kemmel, et qui a été attribué à l'Yprésien supérieur.

L'argile constitue d'ailleurs le sol de la plaine environnante
jusqu'à Ypres; elle a même donné son nom à un petit village
situé au pied du mont, le village de la *Clytte* (terme flamand qui
correspond à notre mot : argile).

Si l'on examine ensuite la coupure pratiquée du côté opposé
dans le flanc du mont, pour le tracé de la route, on voit se développer successivement les couches ci-après :

Tranchée sur la route d'Ypres. Sables panisé-liens. — Couche à Turritelles. — Argile laekenienne.— Sable miocène?

1° A la base, les sables gris glauconieux, partie
inférieure sans fossiles, faisant suite aux Nos 4
à 8 de la carrière ci-dessus. 3 00

2° Couche à *Turritella edita*, *Cardium obliquum,*
Venus, Ostrea flabellula, etc., dominant dans la
partie inférieure, constituant trois ou quatre
bancs calcaréo-sableux blanchâtres, piqués de
grains de glauconie (zone à turritelles) . . . 2 25

3° Stratification discordante par ravinement . .

4° Sable verdâtre, moins glauconieux et un peu
plus fin que le précédent. 1 50

5° Argile sableuse glauconifère, avec une bande
argileuse, rouge de Saturne, à la base (zone
laekenienne supérieure). 0 50

6° En petite lentille, à la partie supérieure de l'argile précédente, un sable fin, jaunâtre clair,
sans fossiles. (Miocène). . . . .

7° Diluvium à gros éléments de roches de Diest et
de silex brisés 3 00

Toutes ces couches se ravinent l'une l'autre.

Sous le moulin :
Sables miocènes.
Id. laekéniens.
Id. bruxelliens.
Couche à Turri-
telles.
Sables panisé-
liens.

A l'extrémité nord-ouest de la tranchée, un petit chemin contourne le mont et conduit au piton aigu qui le termine. Il complète en élévation la série précédente. A la hauteur d'une bifurcation qui se présente sur la gauche, on remarque en effet dans les talus la succession ci-après :

1° Sable fin jaune-verdâtre (zone des sables laekeniens sans fossiles).

2° Argile sableuse jaunâtre, glauconifère, schistoïde, correspondant au N° 5 ci-dessus.

3° Sable jaune légèrement quartzeux, fin, micacé, faisant suite au N° 6.

4° Sables et roches diestiennes.

Un peu sur la droite, sous les taillis qui couvrent la partie nord-est du mont, on retrouve le prolongement de l'argile N° 2, assez importante pour déterminer un petit niveau d'eau utilisé pour l'exploitation de la ferme voisine du moulin.

En descendant du mont vers Locre, la route, un peu encaissée, reproduit sans discontinuité, et avec de nouveaux détails, toute la série des mêmes terrains, disposée, pour ainsi dire, en coupe classique, savoir :

Sous environ six mètres de Diestien et en stratification discordante :

1° Le sable miocène, avec quelques petits galets à sa base 0ᵐ 50

Lackénien.

2° Argile sableuse glauconifère. 1 00

3° Bande de sable grossier très-chargé de glauconie (bande noire de Cassel), avec fossiles laekéniens, notamment *Pecten plebeius*, *Pecten corneus*, *Ostrea inflata* 1 25

4° Sable blanc-grisâtre. (Laekénien sans fossiles). 2 00

5° Sable grisâtre calcareux et débris de bancs de grès, à *N. variolaria*, *Ostrea inflata*, *O. gigantica*, *Solarium Nystii*, *Terebratula Kickxii*, etc. 0 80

6° Banc calcareux friables et banc siliceux, renfermant les fossiles précédents et de nombreux *Dentalium*, présentant à la base des débris de roches avec *Nummulites lœvigata* 1 00

Bruxellien.

7° Banc calcaréo-sableux, raviné et corrodé à sa surface, avec *Cardium porrulosum*, *Cardita planicosta*, etc. 0 80

8° Sable glauconieux assez fin, jaune-verdâtre . 0 40

9° Entre deux lits de sable : deux bancs calcaréo-sableux présentant le facies accoutumé de la zone à *Turritelles* de Cassel 1 80

10° Sable glauconieux, panisélien 6 00

11° Sable de Mons-en-Pévèle ? 4 00

Total . . . 19ᵐ 55

La partie supérieure de ces couches plonge de 10 à 12 mètres à l'ouest, vers la tranchée précédente; les autres inclinent en sens opposé, de telle sorte que le banc solide N° 7 reparaît à un niveau plus bas dans un chemin situé à l'orient.

De ce côté de la colline, le vallon qui sépare le Mont-Aigu du Mont-Kemmel est profondément raviné.

Les sables glauconieux inférieurs, sans fossiles, apparaissent encore dans un petit chemin de terre qui contourne la hauteur à l'est et aboutit, au sud de la route, en face de la carrière indiquée au début de ce chapitre.

La figure suivante résume les détails qui précédent.

COUPE DU M⸋ AIGU

Fig. 22.

Pliocène. Sables de Diest.
Miocène ? . . . . Nᵒ 1
Eocène moyen . . { Laekénien . . . . Nᵒˢ 2 à 6
{ Bruxellien . . . . 7 à 9
{ Panisélien . . . . . . Nᵒ 10
Eocène inférieur. { Sables de Mons-en-Pévèle. Nᵒ 11
{ Argile des Flandres.

De la comparaison des premières collines belges avec celles qui précèdent ressortent les observations suivantes :

1° Au point de vue stratigraphique, le Mont Rouge et le Mont Aigu présentent, comme Cassel, la couche particulière dite *couche à Turritelles* (équivalente à celle d'Aeltre), séparant nettement l'assise de la glauconie du Mont-Panisel de l'assise bruxellienne. D'autre part, la limite entre ces dépôts est peu visible dans les autres collines, et nous verrons par la suite qu'elle s'efface de plus en plus à mesure que l'on s'avance dans la direction de Bruxelles.

2° Le Mont-Aigu se distingue remarquablement de ses voisins par la présence partielle des sables et des bancs coquilliers de l'Étage des sables de Cassel.

3° Quant au Mont-Kemmel, sa composition générale est identique à celle du Mont-des-Kats et de Boeschepe, avec cette différence cependant, que par l'effet de la situation du premier à l'extrémité du golfe d'Hazebrouck, l'assise des sables de Mons-en-Pévèle peut y être cette fois nettement constatée, tandis qu'à part le mont de Watten, elle n'est pas bien en vue sur le versant français.

4° De cette comparaison, on peut encore déduire que, depuis l'époque où se déposait l'*argile des Flandres* jusqu'à la fin de la période *paniselienne*, les collines formant la chaîne que nous examinons, se sont trouvées dans des conditions de formation identiques.

5° Au début de la période bruxellienne, les Monts Cassel et des Récollets, le Mont-Aigu et le Mont-Rouge présentaient, selon toute apparence, l'aspect d'une plage où se sont accumulés les débris de coquilles constatés dans la couche à Turritelles.

Puis se sont déposés, en deux points seulement : dans le massif de Cassel et au Mont-Aigu, les bancs marins de calcaires sableux de l'Eocène moyen.

Quant aux autres collines : Monts-des-Chats, Boeschepe, Kemmel, etc., uniquement composées de sables divers, elles peuvent être considérées en partie comme des formations littorales, des accumulations produites par les vents, comparables en cela aux dunes actuelles.

6° L'extrémité de la chaîne présente de plus des sables dont l'âge précis est difficile à déterminer et dont la position stratigraphique correspond aux formations du Limbourg, c'est-à-dire à quelque dépôt miocène peu aisé à préciser dans notre région.

7° Au commencement de l'Epoque pliocène correspond le transport d'une immense quantité de silex roulés, aujourd'hui empâtés dans une roche ferrugineuse : c'est l'assise des sables de Diest, formant avec des caractères constants le couronnement de toutes nos collines.

CHAPITRE V.

COLLINES DE RENAIX.

Disposition générale des collines de Renaix. A vingt-cinq kilomètres nord-est du Mont de la Trinité, s'élève une série d'ondulations dont les points culminants sont: la Cruse (124 mètres), la montagne de l'Hotout (150 mètres) et le Mont de la Musique (155 mètres).

L'ensemble de ces collines forme sur la carte une sorte de V renversé, dont le Mont de la Musique occupe le sommet et la petite ville de Renaix, le centre. La branche nord du V est située sur la ligne fictive qui joindrait Cassel à Bruxelles; l'autre branche est sur le prolongement de Mons-en-Pévèle et de la Trinité.

Le voyageur qui part de Lille peut se rendre directement par Tournay et Leuze à l'entrée de la vallée, au pied de la colline de Frasnes, qui touche à la gare de même nom.

La base générale de cette petite chaîne est l'argile des Flandres ; on ne peut toutefois observer celle-ci directement que dans quelques points particuliers.

Les premières pentes du Mont de Frasnes ne permettent aucune observation bien nette ; à moitié de la côte seulement, le chemin devient un peu pierreux et l'on y remarque des grès parfois glauconieux, à cassure plus ou moins compacte, quelquefois lustrés, où se voit assez fréquemment la *Pinna margaritacea* et le *Cardium obliquum*.

C'est le premier indice de la présence de la glauconie du Mont-Panisel, assise qui tient la plus large place dans la constitution de ce groupe de collines : elle y est, en effet, très-bien développée et assez fossilifère. C'est surtout dans cette partie du bassin que ses caractères nous ont paru offrir le type le plus tranché d'une formation spéciale, c'est-à-dire, un ensemble de roches, de sables et de grès plus ou moins argileux et glauconieux, minéralogiquement bien distinct des dépôts bruxelliens auxquels cependant plusieurs géologues inclinent parfois à la réunir.

Au-delà du hameau du Bourliquet, à l'approche du bois de Martimont, près de plusieurs constructions récentes qui ont motivé quelques emprunts aux éléments de la colline, on peut constater l'affleurement d'un sable argileux, brunâtre ou verdâtre, présentant des lits horizontaux de concrétions siliceuses. Quelques-unes de ces concrétions ont leur surface altérée et quelquefois même perforée comme par des serpules. Leur épaisseur ne dépasse guère 0m 30 à 0m 35 ; souvent elles sont assez minces pour être utilisées comme dalles.

Quant au sable, il devient de plus en plus argileux vers la base, au point d'y former des alternances de lits d'argile pure et compacte, d'une couleur gris-jaunâtre.

De l'autre côté de la montagne et vers sa base, c'est-à-dire à un niveau bien inférieur à celui qui a fourni les détails précédents, se trouve le cabaret le *Bureau*, (chemin de la Bruyère de

Lourmont). Dans ce voisinage gisent quelques blocs calcaires à *Nummulites planulata*, identiques à ceux de Mons-en-Pévèle et du Mont de la Trinité ; la dernière de ces collines apparaît, du reste, au sud-ouest, à une distance de trois à quatre lieues environ.

L'assise *nummulitique* inférieure, formant selon toute apparence la base de la colline, ne peut pas toutefois être observée d'une façon plus nette en cet endroit.

Sablière de la Croisette.
—
Sables Laekéniens et Bruxelliens.

En face de ce ravin se dresse une côte nouvelle, terminée par une petite butte garnie d'un bouquet d'arbres : c'est *la Croisette*. On y exploite des sables dont la coupe ci-dessous donne la position :

1° Diluvium formé de galets de silex bien arrondis   0^m 65

Laekénien.

2° En poche : sable quartzeux assez fin, jaunâtre finement micacé et contenant quelques grains de quartz plus gros.

3° Sable gris-jaunâtre un peu glauconieux, demi-fin, montrant une apparence de stratification horizontale   1   20

Bruxellien.

4° Sable quartzeux à grains moyens, plus glauconieux que le précédent, veiné de lignes jaunâtres ou brunâtres   3   00

A un niveau inférieur, mais sans qu'il soit possible d'observer de contact avec le sable précédent, on retrouve le sable paniselien.

La position du sable Nº 4 , assez élevée eu égard à celle des grès de la montagne de Frasnes , porte à admettre qu'il représente ici l'assise bruxellienne. Il est sans fossiles; quant à sa nature plus glauconieuse que ne le sont en général les sables de ce groupe , nous pensons qu'il n'y a pas lieu ici d'en tenir compte trop rigoureusement, attendu qu'il a pu être dans une certaine mesure modifié par la composition de la couche inférieure, très-chargée de ce silicate de fer. Reconnaissons cependant que cette détermination ne repose que sur des indications stratigraphiques et que la difficulté d'observation ne permet pas de la justifier d'une façon plus complète.

Si de la Croisette on se dirige vers Saint-Sauveur, par le sentier abrupte qui descend derrière le cabaret à l'enseigne du *Point du Jour,* voisin de la sablière, on recoupe l'assise panisélienne qui forme, sur le revers de la colline, le prolongement de la série précédente.

Fontaine Odos
Niveau des grès lustrés et des grès à *Pinna.*

Elle présente deux niveaux bien distincts : vers le haut, les talus laissent entrevoir un sable argileux assez grossier mêlé de nombreux grains de glauconie. Comme à la montagne de Frasnes, on y observe des concrétions sableuses fossilifères fréquemment silicifiées et par suite transformées en grès lustrés. Parmi les fossiles, dont quelques-uns sont entièrement transformés en calcédoine, notons : *Ostrea flabellula*, *Turritella imbricataria*, *Cardium porrulosum*, *Cardita acuticosta, etc.* Les grès et le sable qui alterne avec eux sont visibles sur une dizaine de mètres d'épaisseur.

Cette première partie s'arrête à l'endroit où le sable, devenu plus argileux, détermine la présence d'une source, connue sous le nom de *Fontaine Odos.* Au-dessous de ce point on retrouve de nouvelles concrétions légèrement argileuses, plus grossières que les précédentes et non lustrées, dans lesquelles la *Pinna margaritacea* est assez abondante : c'est l'horizon de la montagne de Frasnes.

11

Cette côte présente donc l'Assise paniselienne, argileuse à la base, devenant de plus en plus sableuse vers le haut, et offrant successivement des grès à *Pinna* dans sa partie inférieure et des grès lustrés vers sa partie moyenne. Enfin, au sommet de la colline, se développe la formation arénacée de la Croisette, couronnée par un lambeau de sable laekénien.

Mont de la Tour. Puissante formation paniselienne. La partie inférieure de l'assise paniselienne peut être étudiée en détail un peu plus au nord, dans le chemin creux qui, de Saint-Sauveur, conduit vers le Mont de la Tour.

On y voit se développer, sur une hauteur verticale d'une vingtaine de mètres, des lits de sable blanc-grisâtre, argileux et glauconieux, alternant avec des bancs de grès argileux, schistoïdes (psammites de M. d'Omalius d'Halloy), offrant l'aspect d'une sorte de muraille dégradée par le temps.

Les premiers lits de sable et de roches sont épais, les uns de 2 m., les autres de 0 m. 60 environ, mais leur épaisseur diminue à mesure que l'on s'élève dans la tranchée. La stratification générale en est régulière, légèrement inclinée vers le nord. Ces psammites renferment un certain nombre de fossiles, entre autres la *Nucula parisiensis,* qui s'y montre très-abondante.

Environs de St-Sauveur. Au nord de Saint-Sauveur se trouve le Mont Saint Laurent. A sa base on ne découvre rien jusqu'au niveau des sources, partout très-abondantes à la surface du sable argileux à bancs de psammites. Dans cette colline, la série paniselienne n'est entaillée par aucun ravin : elle n'offre aucune exploitation et le limon la recouvre presque partout ; ses rares points d'affleurement ne présentent aucune particularité digne d'être notée.

A l'approche du sommet, apparaissent dans le diluvium quelques grès ferrugineux diestiens, que l'on verra en place au Mont de la Musique. Au-dessous de cette couche se montre un sable quartzeux, un peu cohérent, demi-fin, jaune-grisâtre, légèrement glauconieux ; il paraît de plus renfermer une trace d'argile qui lui donne la propriété de s'agglutiner. On n'y trouve pas de restes organiques, mais son caractère minéralogique permet de le rapporter à l'assise laekénienne. Il se relie probablement à la zone du même âge indiquée à la Croisette.

A un niveau un peu inférieur, une butte entaillée derrière une chaumière présente le sable quartzeux, glauconifère, de la Croisette, sable que sa position stratigraphique nous a fait rapporter au Bruxellien.

Enfin, vers le bas de la côte, on découvre de temps à autre quelques plaques siliceuses composées de *Turritella imbricataria, Cardita acuticosta?* etc., entièrement silicifiées. Un habitant du pays nous ayant vu examiner une de ces roches nous a indiqué, comme leur gisement, le lit d'un ruisseau qui traverse le Vallon de l'Arabie. Nous avons poursuivi nos recherches de ce côté; mais la présence de l'eau et la végétation très-developpée ne nous ont pas permis de rencontrer ces roches en place Elles n'en sont pas moins très-intéressantes à signaler dans les collines de Renaix; car des débris semblables ont déjà été indiqués au Mont de la Trinité (page 42), où ils forment la séparation des sables de Mons-en-Pévèle et de la glauconie paniselienne. Nous les avons encore trouvés près de Lille, mais à l'état remanié, dans les travaux du canal de Roubaix. Auprès de Renaix, les grands fragments de ces plaques siliceuses sont recueillis et utilisés dans les fermes, comme pierres réfractaires, pour la construction des fours à cuire le pain.

Au delà de la *Vieille-Tour*, les ondulations du sol diminuent d'importance et nulle observation n'est plus possible jusqu'à Renaix, situé à trois ou quatre kilomètres de là.

Vallon de l'Arabie.

A cinq kilomètres nord-est de cette ville s'élève le Mont de la Musique, le plus élevé de la chaîne. Il atteint la côte de 1 mètres, c'est-à-dire une hauteur égale à celle de Cassel et du Mont-des-Chats.

Mont de la Musique.

Dans la vallée, on n'observe rien de particulier; cependant le chemin cotoie assez longtemps un ruisseau bordé de prairies qui laissent deviner, à peu de profondeur de la surface du sol, la présence de l'argile des Flandres, indiquée d'ailleurs sur la carte de Dumont.

Calcaire à Nummulites planulata.

A la naissance de la montée, la route cotoie une petite mare près de laquelle nous avons remarqué des gros blocs de calcaire à *Nummulites planulata*, dont le gisement doit être peu éloigné, sinon tout-à-fait sur place. Nous n'avons pu nous renseigner sur ce point.

Glauconie du mont Panisel.

Un peu au-delà commence l'assise de la glauconie : des fragments assez nombreux de cette roche sont disséminés de toutes parts; bientôt la voie s'exhausse, s'encaisse et aboutit au sommet du mont, couvert de bois.

Avant l'entrée de la forêt et au-dessus du gisement précédent, les roches argileuses panisaliennes sont plus nombreuses. Pour les examiner en place, il est nécessaire de descendre dans le ravin à gauche de la route et d'y longer la lisière des taillis. En ce point, les fossiles sont assez communs; nous y avons remarqué, entr'autres, un *Pecten* lisse, voisin du *Corneus*, des *Cardita acuticosta* et *planicosta*, *Ostrea flabellula*, etc. Notons-y encore un crustacé : le *Plagiolophus Wetherelli*. Bell. L'âge bien évident de ce fossile semble venir confirmer l'opinion émise par M. Dewalque, au sujet d'un autre crustacé également recueilli à Renaix, le *Cancer Leachi*, que l'on considérait comme Bruxellien faute d'indications suffisantes sur son gisement, et que cet auteur était disposé à attribuer au Paniselien.[1]

Plus haut apparaissent les grès lustrés; ceux-ci s'élèvent jusqu'à la hauteur du petit plateau sur lequel passe le chemin.

Au niveau immédiatement supérieur et sur les côtés de la route, on exploite un sable quartzeux et glauconieux, appartenant

[1] *Crustacæ of the London Clay.* Pl. II, fig. 7 à 13.

au même horizon que celui de la Croisette (N° 4 de la coupe), et, comme ce dernier , rapporté stratigraphiquement à l'assise bruxellienne. Telle était aussi l'opinion de Dumont lorsqu'il publia la carte de Belgique, à en juger d'après les indications de ce document.

Au-dessus de la couche précédente, mais sans que le contact en soit visible, on remarque :

1° Un autre sable assez fin , jaunâtre , micacé, renfermant quelques grains de quartz plus gros; ce dernier est analogue au sable laekénien vu en poche à la Croisette.

2° En superposition : 4 ou 5 mètres d'argile sableuse et glauconifère, présentant tous les caractères minéralogiques et stratigraphiques de l'argile lackenienne de Cassel.

3° Un sable jaune-rougeâtre, légèrement argileux et aggluliné, offrant à sa base un lit ondulé de galets de silex , parfaitement arrondis et non brisés. Ce sable , épais de 1 m. 30 , parait se rapporter au terrrain miocène.

4° Assise diestienne, puissante d'une vingtaine de mètres, et constituée, comme dans nos collines , par des poudingues , des grès et des sables ferrugineux.

Comme il arrive le plus souvent, une grande partie de ces couches manquent totalement de fossiles, mais leur position relative, d'accord avec leurs caractères minéralogiques, permet d'assimiler le sable N° 1 au Laekénien et de rapporter l'argile N° 2 à celle de Cassel et du Mont-Noir où son âge est bien démontré. Il en est encore de même du sable N° 3 indiqué en position analogue au Mont-Rouge et dans lequel M. de la Vailée, professeur à l'Université de Louvain, a reconnu de grandes analogies avec la base du Tongrien inférieur, telle qu'elle se montre à Louvain. Quant au N° 4, il appartient sans conteste à l'Assise des sables de Diest. Signalons-y une observation assez rare: c'est la présence de trous de *Pholades* dans quelques-unes de ses roches,

circonstance qui peut faire penser qu'après le dépôt et le dur-
cissement de cette formation, c'est-à-dire à une époque relativement récente, elle a encore été baignée par la mer.

Présence
des sables fins
à *Nummulites
planulata*
dans les déblais
du tunnel. La voie ferrée de Renaix à Audenarde, après avoir contourné
un instant la base du Mont de la Musique, traverse ce dernier au
moyen d'un tunnel sur une longueur de 410 mètres. Ce passage
est ouvert dans l'assise des sables de Mons-en-Pévèle. L'examen
des déblais nous y a fait reconnaître, dans un sable fin de couleur grisâtre, une grande quantité de *Nummulites planulata*,
généralement libres et quelquefois agglutinées par un ciment
siliceux. Avec ces fossiles se rencontrent assez abondamment
des dents de *Lamna* (petite dimension), un *Pecten* voisin du
plébéius, des *Ostrea flabellula* de petite taille et une espèce de
Solarium que l'on ne peut pas distinguer du *Nystii*.

Les *Ostrea flabellula* de ce gisement sont voisines du type
Cymbula; leur couleur, d'un noir bleuâtre, rappelle celle des
fossiles de l'argile des Flandres, et leur usure atteste un remaniement évident.

Résumé
des collines de
Renaix. L'ensemble de ces collines est comparable aux monts décrits
précédemment. Leur base générale est l'argile des Flandres,
au-dessus de laquelle s'étend l'assise des sables à *Nummulites
planulata* (type : Mons-en-Pévèle). On y retrouve les plaques
siliceuses à *Turritella edita*, comme au Mont de la Trinité.

L'assise paniselienne s'y présente avec un développement
beaucoup plus grand et des caractères mieux tranchés que dans
la chaîne de Cassel à Ypres. Les collines de Renaix nous semblent le meilleur type de cette formation.

Les assises bruxelliennes et laekéniennes s'y trouvent assez
généralement représentées ; mais leur importance est restreinte
et leur facies, tout différent de celui qu'affectent les bancs stratifiés de Cassel et du Mont-Aigu. Leurs caractères généraux rappel-
lent ceux du Mont de la Trinité, de Kemmel, du Mont-Noir, etc.

Le Mont de la Musique possède de plus que ses voisins un lambeau de l'argile glauconifère de Cassel.

Le terrain miocène y est représenté comme au Mont Rouge.

Enfin, les sables et grès de Diest couronnent les points les plus élevés de la chaîne. Ils semblent avoir été plus étendus autrefois, ainsi que l'attesteraient leurs débris remaniés, indiqués dans le diluvium.

CHAPITRE VI.

MONT PANISEL.

Les environs de Mons présentent des gisements divers très-nombreux et très-intéressants à visiter. Les travaux remarquables de MM. Cornet et Briart, ceux de M. Toiliez, ont à diverses reprises attiré l'attention sur cette partie privilégiée du Hainaut, que leurs découvertes ont pour ainsi dire illustrée dans les annales de la science. Une revue même rapide des faits constatés depuis un petit nombre d'années dans ce rayon, nous entraînerait trop loin ; nous allons, mais non sans regret, nous renfermer dans les limites que nous nous sommes posées : celles du terrain tertiaire.

Le Mont Panisel touche à l'un des faubourgs de Mons, et cette ville elle-même est construite sur une autre petite colline dont nous dirons d'abord quelques mots. *De la colline de Mons.*

Sous la ville de Mons passe, suivant une coupe tracée par MM. Cornet et Briart, le *calcaire de Mons*, rencontré pour la première fois dans les travaux du puits Goffin, et dont il a été question déjà dans l'un de nos premiers chapitres (1re partie, page **12**).

Cette formation, dont la faune présente des rapprochements si curieux avec celle du calcaire grossier de Paris, y repose sur la *Craie blanche* et le *Tuffeau maëstrichtien*.

Au-dessus se succèdent les *sables Landéniens* (sables d'Ostri-court) offrant deux zones, dont l'inférieure est très-glauco-nifère, puis le *système Yprésien* avec ses deux divisions : argile et sables fins (argile des Flandres et sables de Mons-en-Pévèle).

Les deux dernières assises forment pour ainsi dire à elles seules la partie de la butte qui forme saillant sur la plaine, et sur laquelle la ville a groupé ses nombreuses constructions ; cette dernière circonstance rend l'accès des couches yprésiennes très-difficile sur ce point, mais les puits creusés dans les habitations y t raversent communément les sables et s'arrêtent à la couche d'argile qui les suit.

Dans les sables, on a recueilli le fossile caractéristique : a *Nummulites planulata*, constituant des nodules calcaires comme ceux de Mons-en-Pévèle, et dont le musée de Mons possède de beaux échantillons. Quant à l'argile (argile des Flandres), elle affleure en plusieurs endroits, à peu de disance de la ville, notamment dans l'un des faubourgs, près du *Petit-Versailles*, au nord-est, et sur le chemin de Cyplies, dans la petite commune dite des *Eribus*. En ce dernier gisement où nous avaient guidés très-obligeamment MM. Cornet et Briart, lors de notre dernière exploration, nous avons vu l'argile bien découvert, sur une épaisseur de 2 à 3 mètres, avec une ligne ferrugineuse à lignites vers sa base, et reposant sur la partie supérieure de l'assise Landénienne ; cette dernière était représentée par un sable blanc grisâtre, demi-fin, mêlé d'un peu de glauconie, correspondant parfaitement à nos sables d'Ostricourt.

Au sud-est de la colline de Mons s'élève le Mont Panisel dont l'altitude est un peu plus grande ; il présente, au-dessus des assises yprésiennes, le système auquel il a donné son nom et dont nous avons fait l'Assise paniselienne.

Dans ce mont on distingue deux côtes, réunies par leur base, mais séparées par un vallon étroit qui ne descend guère au-dessous du niveau inférieur des sables yprésiens ; l'une, la plus au nord, à la côte de 80 mètres, forme le Mont Panisel proprement dit, l'autre élevée de 107 mètres est connue sous le nom de colline du bois de Mons.

Cette dernière, aujourd'hui déboisée, se prête mieux que sa Colline du bois de Mons. voisine aux observations; nous avons eu l'avantage d'y être guidés par M. Houzeau de le Haye, qui s'occupe en ce moment de réunir des éléments très-complets de la faune locale, et à qui tous les détails de la contrée sont familiers.

Au pied de la côte du bois de Mons passe, au sud, la petite Argile des Flandres. rivière de la Trouille ; son lit est creusé dans l'argile d'Ypres, et son niveau est à la côte de 38 mètres.

C'est de ce côté que la pente de la colline est le plus accusée. Au delà du ruisseau, un chemin assez raide conduit, du pont de pierre bizarrement déjeté qui unit les deux rives, vers le signal, placé à peu près au point culminant de la hauteur. On peut voir, en suivant cette direction, l'argile se poursuivant jusqu'à une altitude d'environ 80 mètres et recouverte à son tour par un sable jaunâtre, correspondant par sa position au sable doux et fin de Mons-en-Pévèle, mais à grains plus rudes et beaucoup plus gros.

L'importance de ce sable est d'environ 6 à 7 mètres, et il Sables Yprésiens plonge sensiblement vers le sud; on y a rencontré, paraît-il, comme à Mons, la *Nummulites planulata*, que, personnellement, nous n'y avons pas retrouvée. A quelque distance du signal, il présente à sa partie supérieure une zone de $0^m 40$ d'épaisseur, en stratification légèrement ondulée, formée de sable plus ferrugineux et un peu concrétionné, supportant un tuffeau argileux et glauconifère qui constitue en ce point la base de l'assise paniselienne.

Sur cette dernière couche, épaisse de quelques mètres, apparaît un diluvium formé en partie des mêmes éléments et qui arrête les observations jusqu'au pied du tertre où se dresse le signal.

De ce point culminant où la colline domine la plaine comme un promontoire, on jouit d'une vue très-belle sur le pays environnant, c'est-à-dire sur les anciennes plages qui circonscrivaient autrefois le Golfe de Mons: à l'ouest, la ville, comme réfugiée sur son ilôt, dresse à peu de distance ses antiques clochers, renflés vers leur base comme des minarets ; vers le sud, s'élèvent à l'horizon les hautes cheminées des puits de houille du Borinage; au nord, s'étend au loin la vaste plaine par laquelle pénétraient dans l'intérieur du golfe, aux époques tertiaire et crétacée, les eaux marines qui devaient y laisser tant de traces curieuses de leur passage.

Glauconie du Mont Panisel.

Revenons à la formation paniselienne, dont la base vient d'être indiquée; on peut, sans quitter le plateau, en observer le complément en se portant successivement aux points ci-après:

1° Vers le sud affleurent dans les cultures des grès lustrés, très-fossilifères, constituant la zone supérieure et reposant sur une argile sableuse glauconifère. Nous y avons recueilli, particulièrement dans les grès:

Ostrea flabellula.	*Nucula margaritacea, c.*
Cardita planicosta, c.	*Lucina.*
Pinna margaritacea, c. c.	*Cassidaria nodosa.*
Nummulites planulata, c.c.	*Venus nitidula.*
Fusus longœvus, c.	

Signalons tout particulièrement la *Nummulites planulata* que nous retrouverons plus tard à Grammont.

2° Vers l'est se rencontre un autre banc de grès, inférieur au précédent, à pâte plus grise et très-peu lustrée; les fossiles y sont les mêmes, mais moins abondants.

Au même niveau et paraissant faire suite au dernier, se présente vers le nord-ouest, dans le chemin qui passe devant le château de Madame de Verny et en face de l'Ermitage, un banc de grès vert, franchement lustré, intercalé dans un sable gris-jaunâtre, glauconifère, à grains moyens. En un point où ce chemin se bifurque, ce grès forme, à droite, un banc continu, épais de 30 à 40 centimètres ; nous n'y avons remarqué que peu de traces de coquilles : la *Lucina saxorum ?* et un *Cardium.*

3° De la bifurcation indiquée ci-dessus, en suivant vers l'ouest un chemin creux qui descend vers la maison de campagne de Madame Rouvez, on remarque au sommet du talus un nouveau banc de grès, reposant sur un sable glauconieux, grisâtre, traversé de petites veines d'argile ; le grès est moins lustré que le précédent et généralement altéré : comme fossiles nous y indiquerons un oursin voisin des *Micraster* et l'*Ostrea flabellula.*

Au même niveau, d'après ce que l'on nous a rapporté, on a recueilli, en outre, plusieurs échantillons de moules de Nautiles parmi lesquels se trouvait le *Nautilus Burtini :* Le musée de Mons possède un de ces moules, de nature siliceuse, mais sans indication d'espèce.

4° Enfin, au bas du chemin, à 8 ou 10 m. au-dessous du dernier banc, reparaît le tuffeau grisâtre, glauconieux, déjà indiqué sur un autre point du mont à la base de l'assise Panisélienne.

Cette roche est très-friable, les fossiles y sont communs, la *Nummulites planulata* particulièrement ; on la voit reposer en stratification discordante sur l'*Ypresien supérieur,* qui présente au contact une couche argileuse de 1^m 50 d'épaisseur, à laquelle succède le sable assez gros indiqué sur le versant sud' de la colline.

De ce lieu, en remontant vers le nord, on atteint rapidement le vallon étroit qui sépare la colline précédente du Mont-Panisel proprement dit. Dans cette dépression, quelques prairies traversées par des ruisseaux décèlent la présence de l'*Argile des Flandres,* puis au-delà du château de l'Hermitage le terrain se relève en pente douce : c'est la côte sud du Mont Panisel. Mont Panisel proprement dit.

Ce versant est couvert de cultures ; on peut cependant y observer, dans un petit chemin qui le cotoie de l'ouest à l'est, un
banc de grès paniselien, correspondant à l'un de ceux du mont
précédent (banc N° 2), et un peu plus loin, à proximité de la
route de Chimay, un affleurement argileux de la même assise,
à la hauteur duquel une source se fait jour.

Un peu plus bas, à quelques pas de l'embranchement des
routes de Chimay et de Charleroy, un chemin de terre un peu
encaissé descend vers Rœulx ; on découvre successivement dans
ses talus le prolongement du tuffeau glauconifère et le sable yprésien de la colline du bois de Mons. Plus loin on exploite, à un
niveau inférieur, l'argile d'Ypres et les sables landéniens.

Faisons remarquer, en terminant ce chapitre, que rien, sur les
hauteurs de Mons, ne nous a indiqué la présence de l'Assise
bruxellienne qui figure cependant sur la carte de Dumont.

CHAPITRE VII.

GRAMMONT.

Situation et forme de la colline. Placé à l'est à peu de distance des collines de Renaix (à 15
kilomètres environ), à peu près au point extrême que M. Dumont,
sur sa carte, assigne de ce côté à son Système paniselien, Grammont offre, eu égard à sa position, un sujet d'étude intéressant.
D'un autre côté, les travaux nécessités par le percement d'un
tunnel destiné à donner passage à la voie ferrée d'Enghien, ont
mis à nu, sur une assez grande surface, les assises inférieures
du mont et permettent d'y constater nettement plusieurs contacts
et des détails particuliers de composition qui méritent, selon
nous, d'être rapportés.

Disons quelques mots d'abord de l'aspect général de la colline.

Sa forme est celle d'une côte allongée du sud au nord, un peu
plus développée et plus arrondie vers cette dernière extrémité,
où elle atteint son maximum d'altitude qui est de 125 mètres.

Une rivière, la Dendre, qui suit la même direction, en baigne les contours à l'ouest et serpente à travers la petite ville de Grammont, dont les constructions s'étagent gracieusement de ce côté jusqu'au sommet de la rampe.

Considérée perpendiculairement à son grand axe, la colline offre deux pentes inégales : l'une, assez rapide, vers la vallée de la Dendre, l'autre, plus faible, à l'est, vers la vallée de la Senne. Le niveau de la plaine est lui-même à des altitudes différentes des deux côtés du mont: sur la Senne la côte est de 40 mètres, sur la Dendre, elle descend à 12 à 14 mètres.

Deux points du mont nous ont paru les plus favorables aux observations géologiques : l'un vers le nord, où quelques exploitations sont ouvertes dans les couches supérieures, l'autre vers le sud, aux deux extrémités du tunnel déjà mentionné ; occupons-nous d'abord de ce dernier.

Le tunnel traverse la côte à la hauteur du hameau de *Klein Beysemont*. La voie ferrée y pénètre, à l'ouest, au moyen d'un remblai assez élevé et se trouve presqu'à sa sortie au niveau de la plaine opposée. A gauche de la voie, un talus à pic, résultant d'une première entaille faite au flanc du mont en avant du souterrain, présente les superpositions ci-après :

Coupe prise au tunnel du chemin de fer d'Enghien.

1 Au pied de l'escarpement, une argile schistoïde, bleuâtre, à cassure conchoïdale, partie visible 1^m 50

Argile des Flandres. Sables de Mons-en-Pévèle.

2^1 En stratification discordante (niveau de sources) sable argileux et pyriteux, bleu-noirâtre à l'état frais, devenant gris-clair par la dessiccation (identique à celui d'Hollebecke, près d'Ypres) 3 00

2^2 Sable fin jaunâtre, légèrement argileux, , finement micacé, légèrement glauconieux. . . . 2 50

2^3 Sable fin, grisâtre, parsemé de fines paillettes de

mica et de nombreux grains de glauconie,
également très-fins.. . . . . 2 50

2^4 Bande d'argile grise compacte 0 18

2^5 Sable fin, grisâtre, analogue au précédent : 2^3. 2 00

2^6 Sable fin jaunâtre,   id.   id. 2^2. 2 00

Ces différentes zones sont entremêlés de petits
lits d'argile irréguliers

Glauconie
du Mont Panisel.

3^1 Lit séparatif très-ondulé d'argile grisâtre. . . 0 10

3^2 Sable quartzeux gris-jaunâtre, à grains moyens,
très-légèment glauconieux 2 30

Terre végétale.

Les couches **1** et **2** se rapportent à l'*Assise yprésienne ;* la première à l'*argile des Flandres,* la
seconde aux sables de *Mons-en-Pévèle,* partie
sans fossiles. Les couches 3 commencent l'*Assise
panisélienne ,* qui se développe au-dessus du
tunnel comme il suit :

3^3 Argile grise, panachée de teintes brunâtres,
analogue à celle du mont de la Trinité . . . 2 30
      Niveau d'eau accusé par une source.

3^4 Tuffeau argilo-sableux et glauconifère, grisâtre 4 00

3^5 Sable gris, glauconieux, avec lits de grès plus
ou moins lustrés, de couleur gris-bleuâtre
dans la cassure. 7 00

                      Total . . . 29 38

A ce niveau se rencontre la route qui passe au-dessus du
tunnel et traverse le mont dans toute sa longueur. On y voit,
dans les talus les plus élevés, les derniers lits de grès 3^5, disposés en couche horizontale dans le sable ; leur épaisseur varie
de 20 à 30 centimètres ; leur surface est arrondie et ils présentent

très-fréquemment des traces ondulées, perforant la roche, traces que l'on peut attribuer à des serpules.

Avec ces empreintes nous avons trouvé dans les mêmes grès et surtout dans le tuffeau quelques-uns des fossiles habituels à cette assise, mais de plus, fait sur lequel il semble utile d'attirer l'attention, la *Nummulites planulata*, considérée jusqu'ici comme caractéristique de l'Yvrésien supérieur.

La Nummulite précitée, à l'état siliceux et parfaitement conservée, se montre en abondance, à la fois, à la surface des roches, dont elle se détache facilement quand celles-ci ont été exposées à l'air, et empâtée dans leur intérieur. La situation de ces fossiles, leur importance numérique et leur état de conservation, permettraient déjà de conclure qu'ils ont vécu ici au moins durant une certaine période de la formation paniselienne. Présence de la *Nummulites planulata* dans les roches paniseliennes.

Une observation annalogue effectuée au Mont Panisel donne à ce fait une plus grande extension : la même Nummulite s'y trouve en situation identique, mais un peu moins commune, dans le tuffeau glauconifère et dans les grès lustrés.

Nous nous bornons pour le moment à constater cette coïncidence remarquable, en faisant observer toutefois que si l'on en tirait une conclusion rigoureuse, au point de vue de la division de l'Etage nummulitique dans notre contrée, on y trouverait peut-être un motif suffisant pour faire descendre l'Assise paniselienne dans l'Éocène inférieur.

Sur le versant est du mont, à la sortie du tunnel, on revoit, dans la tranchée où passe la voie ferrée, les superpositions précédentes un peu moins développées en élévation : c'est de ce côté surtout qu'abondent les roches paniseliennes riches en Nummulites.

Si l'on s'éloigne du tunnel, en suivant vers le nord-est la route tracée au sommet de la côte, à 3 ou 400 mètres au-delà du hameau du *Petit Beysemont* on retrouve, un peu au-dessus du Observations effectuées dans le chemin tracé au sommet de la côte.

niveau précédent, le tuffeau paniselien en lit irrégulier, reposant sur un sable grisâtre, glauconieux, un peu grossier, le tout formant talus à l'embranchement du pavé qui descend vers la ville de Grammont.

Assise
diestienne. Un peu plus loin sur la même route, au-delà du monticule boisé occupé par le cimetière, et sur lequel nous n'avons pu recueillir aucune indication, s'offre une dernière butte, couronnée d'une chapelle et qui forme le point culminant du mont; cette butte, élevée de 8 à 10 mètres au-dessus du terrain environnant, nous a paru, autant qu'il est permis d'en juger d'après son apparence extérieure, constituée par des sables rouges à grains moyens appartenant à la formation diestienne; une sourec coule à sa base et y indique un niveau argileux qui n'est pas visible, peut-être celui de l'argile laekenienne de Cassel.

Exploitations
situées
sur la route de
Grammont à
Enghien. A courte distance vers le nord, à 5 ou 6 mètres plus bas, passe la grande route d'Enghien, qui traverse la colline de l'est à l'ouest. Au point culminant de la voie, près d'une briqueterie, se présente une petite exploitation, la plus élevée du mont; nous y avons noté ce qui suit, moitié dans une excavation, moitié au-dessus du plan de la route :

1° 3ᵐ 00 de sable jaune à grains moyens, glauconifère, recouvert d'une faible épaisseur de limon.
2° 2 50 de sable blanchâtre, légèrement glauconifère, en stratification discordante, offrant, vers sa partie inférieure, un lit de grès bleuâtre, glauconieux, à cassure lustrée, portant les mêmes empreintes de serpules? que les grès du tunnel, et des empreintes de *Cardita*...

De petites veines d'argile grise, épaisses de un à quelques centimètres, zébraient toute la masse sableuse.

Faut-il voir dans le sable jaune supérieur (N° 1) le représentant de la couche bruxellienne indiquée sur le plateau par la carte de Dumont? Le caractère minéralogique de cette couche n'est pas bien tranché et l'on n'y remarque pas de fossiles. Quant au sable avec banc de grès lustré (N° 2), il offre une grande ressemblance avec ceux qui surmontent le tunnel (N° 3⁵ de la coupe précédente); on le voit réapparaître avec quelques développements à 8 ou 10 mètres plus bas vers l'ouest, sur la même route, en revenant vers Grammont; suivons-le de ce côté.

Il affleure dans une suite de talus, recouvert, sous des épaisseurs variant de 1ᵐ 50 à 3 mètres, tantôt par des sables glauconieux grossiers offrant deux à trois lits irréguliers de galets brisés et des filets ondulés d'argile grise, tantôt par un Diluvium bien caractérisé dans lequel sont enchâssés quelques gros blocs de roches diestiennes.

Les grès siliceux, à cassure lustrée, bleu-verdâtres, s'y présentent en rognons aplatis, formant des bancs presque réguliers entre lesquels se montrent des lits ondulés de sable, tantôt très-glauconieux, tantôt gris-jaunâtre par suite de l'altération de la glauconie; le tout épais de 2 à 3 mètres.

Les roches nous ont fourni quelques fossiles, savoir:

Ostrea flabellula.	*Turritella edita.*
Cardita planicosta.	*Orbitolites complanata ?*
Cardita acuticosta.	Plus une *Nummulites pla-*
Cardium porrulosum.	*nulata.*
Anomia.	

La présence de la nummulite précitée, à ce niveau élevé du mont, a son importance en ce qu'elle le relie aux premiers bancs du tuffeau paniselien indiqués au tunnel.

Les autres fossiles sont communs aux assises bruxellienne et paniselienne. Il serait certainement utile d'en pouvoir réunir un plus grand nombre, afin de posséder à cet égard des éléments d'appréciation plus complets, mais jusqu'à présent nous ne

12

oyons dans cette formation que le prolongement de la couche paniselienne 3 $^{1-5}$ de la première coupe; minéralogiquement les roches lustrées présentent une certaine analogie avec celles que l'on rencontre en Belgique vers la base du Bruxellien, mais on verra en d'autres points que la distinction entre les grès siliceux appartenant à ces deux assises, est souvent difficile à établir, et que parfois celles-ci passent de l'une à l'autre sans que l'on puisse en reconnaître la limite.

Au-delà des exploitations dont on vient de parler, on ne rencontre plus jusqu'à la ville, ni talus, ni entailles nouvelles pratiquées dans l'épaisseur des couches suivantes, mais on traverse certainement une autre zone de grès lustrés, très-glauconieux et verdâtres, indiquée par des débris nombreux de ces roches, disséminés sur les bords de la route jusqu'à l'approche des premières habitations.

En résumé cette colline nous a présenté les superpositions suivantes :

1° Argile des Flandres;
2° Sables fins de Mons-en-Pévèle;
3° La glauconie du Mont-Panisel, bien développée;
4° L'assise des sables de Cassel *(pars)?*
5° Les sables et grès de Diest.

CHAPITRE VIII.

ENVIRONS DE BRUXELLES.

Nous avons déjà eu l'occasion de citer les travaux de MM. Nyst et Lyell et ceux de M. Le Hon, dont les recherches ont porté principalement sur le terrain tertiaire des environs de Bruxelles. Cette région si bien étudiée, est connue de toutes les personnes que ce niveau géologique intéresse.

Il nous sera donc permis d'être brefs sur ce chapitre, et de ne parler que de quelques points spéciaux dont l'intérêt est étroitement lié à la question que nous traitons.

Le massif éocène moyen du Brabant repose au sud, sur les terrains primaires, à l'est et à l'ouest, sur les couches tertiaires inférieures (landéniennes) et successivement sur les sables de Mons-en-Pévèle et sur le Paniselien. Vers le nord, il est à son tour recouvert par des terrains plus récents et connus sous le nom de couches du Limbourg (Tongrien, Rupélien, etc.).

Disposition générale du ter-
rain tertiaire du
Brabant.

Aux environs de Bruxelles, l'Eocène moyen constitue une série de collines d'environ 80 à 100 mètres d'altitude, disposées sur les deux rives de la Senne. Le fond des vallées et la plaine laissent assez fréquemment à découvert les sables à *Nummulites planulata* ou l'argile des Flandres.

Jetons un coup-d'œil rapide sur les principaux affleurements que l'on rencontre à courte distance sur le périmètre extérieur de la métropole belge.

A Schaerbeck, faubourg situé au nord de Bruxelles, plusieurs exploitations offrent d'assez intéressantes coupes dans la partie inférieure de l'Assise bruxellienne. La carrière principale nous a offert les détails suivants : Schaerbeck.

1° Limon et diluvium.. . . . . 0 35
2° Sable vert-jaunâtre, argileux et glauconifère,
   sans fossiles, ravinant fortement la couche inférieure et offrant, dans ses dépressions, des
   blocs de grès remaniés . . . . 0.25 à 3ᵐ
   Ce sable correspond à l'argile glauconifère laekenienne de Cassel.
3° Sable quartzeux blanchâtre, sans fossiles, dans
   lequel sont intercalés quatre à cinq lits de
   rognons de grès siliceux, blanchâtres ou jaunâtres, fréquemment lustrés à l'intérieur,
   partie visible 5 00

Nous n'avons pas vu à Schaerbeck de coupe plus développée, mais il résulte d'autres recherches effectuées en ce point, que la couche N° 3 se prolonge sur une épaisseur d'environ six mètres.

On y trouve d'autres concrétions siliceuses de formes bizarres, connues sous le nom de *grès fistuleux* ou de *pierres de grottes*.

Les indications recueillies plus profondément encore dans les forages, ont fait connaître, à la suite de la zone précédente, un dépôt de sable quartzeux blanc, sans fossiles, épais de 10 mètres, reposant à son tour sur l'assise des sables de Mons-en-Pévèle.

Les fossiles sont rares dans cette zone. Nous n'avons trouvé dans les grès en place (N° 3), que quelques *Ostrea flabellula*. Parmi ces vestiges et ceux qui se rencontrent dans les roches à l'état remanié, on a recueilli un certain nombre de fruits assez volumineux, silicifiés, de forme ovale, déjà mentionnés et décrits en 1784 par Burtin, dans son *Oryctographie de Bruxelles;* cet auteur les rapportait à des noix de coco. M. Bowerbank depuis, les a nommés *Nipadites,* à cause de leur analogie de forme avec le *Nipa fruticans,* palmier qui abonde dans le Delta du Gange et dans d'autres parties du Bengale; c'est l'unique espèce vivante connue de ce genre. (Lyell). M. Le Hon y a encore rencontré des restes de tortues fluviatiles, rapportés à l'*Emys Cuvieri.*

Au sud de la ville, dans le quartier Louise, l'établissement d'une large et belle chaussée, à travers une zone de terrains assez ondulés, a motivé d'importantes tranchées dont voici la coupe :

chaussée Louise
altitude 91 m.

1° Limon supérieur, brunâtre. 1ᵐ 00

2° Limon calcareux, jaunâtre. . . . : 0 30

3° Sable légèrement argileux, jaune-verdâtre, veiné de parties ocreuses, sans fossiles. . . 2 50

3°′ Bande ondulée de sable ferrugineux rappelant
    par sa position la bande noire de Cassel . .   0   25

4° Sable grisâtre à grains fins de glauconie, légè-
    rement micacé, sans fossiles, ravinant forte-
    ment la couche suivante   2   50

5° Sable blanchâtre où abonde la *Nummulites vario-*
    laria, traversé de bancs siliceux fréquemment
    interrompus par la dénudation supérieure. .   2   00

    Vers la base le sable devient plus grossier et
    repose sur un lit séparatif de sable graveleux,
    renfermant un grand nombre de fossiles roulés
    ou brisés en partie, notamment : *Nummulites*
    lœvigata et *scabra*, *Terebratula Kickxii*, *Sola-*
    rium Nystii, fragments de *Pecten plebeius* et
    corneus, *Ostrea flabellula*, d'assez nombreuses
    dents de *Lamna*, des osselets d'*Asterie*, etc. .

Ce gravier fossilifère correspond à celui qui sépare, dans le
massif de Cassel nos sous-assises laekeniennes et bruxelliennes.

6° Sable quartzeux jaunâtre, légèrement glauco-
    nieux, renfermant quelques bancs de grès cal-
    careux dont la surface offre des traces mani-
    nifestes d'érosion et même des trous de Pho-
    lades ; partie visible.   1   50

Ces différents niveaux correspondent aux systèmes de Dumont
de la manière suivante :

Les Nᵒˢ 3 et 3′ avaient été rangés dans le système tongrien
par Dumont ; M. Le Hon a pensé depuis qu'ils pouvaient rentrer
dans le Laekénien, en se fondant sur la concordance de stratification qu'il a observée entre ces deux couches. Ce géologue
faisait remarquer toutefois que l'absence complète de fossiles
dans cette zone, ne lui permettait pas d'être affirmatif à cet
égard. Nous pouvons dire que cette prévision se trouve maintenant confirmée, la couche Nᵛ 3 étant le prolongement stratigraphique de l'argile sableuse supérieure de la chaîne de

Cassel, ou les fossiles des Récollets et du Mont Noir lui assignent une place bien déterminée dans l'Eocène moyen ; elle forme le couronnement de cet étage dans notre bassin.

Les couches 4 et 5 appartiennent au Laekénien de Dumont ; M. Dewalque en exclut la couche 5 ; il la réunit au Bruxellien, en se fondant sur les effets plus grandioses du ravinement supérieur, qui forme pour lui la limite entre ces deux assises.

Le N° 6 correspond peut-être au niveau des bancs de grès de Schaerbeck, que nous regardons comme intermédiaires entre les sables blancs sans fossiles et la zone à *L^{te} patelloïdes* de Cassel.

Cette coupe de la chaussée Louise est l'une des plus complètes de Bruxelles, et la plus comparable avec la partie supérieure des dépôts de Cassel.

Saint-Gilles.

Fabrique de produits chimiques.

Vers le sud-ouest du quartier Louise, se trouve le faubourg de Saint-Gilles. Entre la chaussée précédente et la route d'Alsemberg, aux environs de la fabrique de produits chimiques de M. Vanderelst, plusieurs exploitations permettent d'observer le sable graveleux de la coupe précédente, renfermant quelques fossiles roulés, notamment : *Pecten Plebeius*, *Dentalium Deshayesianum*, *Lenita patelloïdes*, débris d'oursins, *Ostrea inflata*, dents de *Lamna*, etc.

A ce sable succèdent les concrétions de silex désignées plus haut sous le nom de pierres de grottes ; elles sont disposées horizontalement.

Le banc qui vient en-dessous est formé de blocs beaucoup plus réguliers et se trouve dans un sable quartzeux blanchâtre sans fossiles (Bruxellien).

Plateau de la Maison de santé.

Au-dessus de ce point, dans les talus qui avoisinent la chaussée de Charleroi, on retrouve le sable calcareux à *Nummulites Variolaria*, (Laekénien).

A un niveau encore plus élevé, sur le plateau avoisinant la maison de santé de M. Vanderkindere et notamment derrière le cabaret du *Roi d'Yvetot*, on peut constater la présence d'un sable correspondant au N° 3 de la chaussée Louise, tongrien suivant la carte de Dumont, et laekénien, pensons-nous, pour les raisons déjà indiquées.

A 400 mètres de là, vers Uccle, et à un niveau physiquement *Uccle.* inférieur, on recoupe l'assise bruxellienne, ainsi qu'on peut le voir dans deux carrières situées, l'une derrière le cabaret à l'enseigne du *Chat*, l'autre un peu plus loin, du même côté de la route.

Dans cette dernière, on retrouve les sables quartzeux blancs, avec quelques bancs de grès siliceux lustrés, moins abondants toutefois qu'à Schaerbeck. Les fossiles y sont également rares; on remarque cependant, en un point élevé de la carrière, une grande agglomération d'*Ostrea virgata* sans mélange avec d'autres genres de coquilles.

L'exploitation, située derrière le cabaret, présente au-dessus du niveau précédent, le sable calcareux à *Nummulites variolaria*. Dans le ravinement qui sépare les deux assises, comme à la chaussée Louise, on remarque un très-grand nombre de petites dents de poissons, devenues noires par altération, en mélange avec les Nummulites et autres fossiles roulés.

Tel est le caractère général des assises bruxellienne et laekénienne dans les environs immédiats de la ville.

Des différences locales se produisent cependant comme on le voit, d'une carrière à l'autre, suivant l'importance des érosions laekéniennes, ou la hauteur de l'assise que l'on observe.

Derrière le cimetière de Saint-Gilles, près de l'endroit appelé *Le Chien.* *le Chien*, un travail de terrassement nous a fourni la coupe 80 m. suivante :

1° Limon avec cailloux brisés à la base ;

2° Argile sableuse glauconifère analogue à celle de Cassel, reposant en stratification discordante sur l'assise suivante :

3° Sable quartzeux jaune-verdâtre avec traces de fossiles ;

4° Un banc de concrétions calcareuses blanchâtres assez friables, se divisant facilement en plaquettes et dont la partie centrale est siliceuse et lustrée ;

5° Sable quartzeux, (assez grossier, renfermant quelques Nummulites Heberti roulées),

Un puits creusé à côté de la carrière, a donné de l'eau à une profondeur de 70 pieds. Parmi les déblais de ce puits, nous avons remarqué un grand nombre de *Nummulites Heberti*, dans un sable calcareux, se chargeant vers sa base de grains quartzeux qui lui donnent de la rudesse.

Carrière de la Nouvelle-Salière. A 300 mètres environ du point précédent, se trouve une grande extraction de sable, désignée sous le nom de la *Nouvelle Salière*.

On peut y observer, à la partie supérieure du talus de gauche, le sable-calcareux à *N. variolaria*, visible sur 3 à 4 mètres de hauteur. Il se poursuit à droite dans la carrière, sur une épaisseur supplémentaire de 2 mètres, et reposant en stratification discordante par ravinement, sur un sable calcareux renfermant un banc de concrétions siliceuses lustrées, (probablement le prolongement de celui du Chien). Ce dernier sable (Bruxellien), le seul recherché, est visible sur 12 mètres environ.

Dans les ravinements qui séparent les deux couches sableuses, on observe entre autres roches remaniées, des fragments d'aspect marneux, dont la texture ligneuse rappelle celle du bois.

Barrière Saint-Antoine. En continuant à marcher vers le sud on voit à 200 mètres plus loin une nouvelle exploitation de sable voisine du cabaret de la *Barrière Saint-Antoine*. Ses talus n'étaient pas très-nets quand nous l'avons explorée ; voici ce qu'il nous a été possible d'y noter :

1° Sable fin calcareux rempli de *Nummulites variolaria* 2ᵐ 00

2° Ligne de ravinement très-prononcée. . . .

3° Sable renfermant des fragments d'oursins, de
    petites dents de poissons, la *Nummulites*
    Heberti, etc. . . . .   8 à 10^m

4° Sable raviné à la surface présentant un certain
    nombre de bancs de grès lustrés, par place.
    Les fossiles n'y sont pas nombreux ; on y ren-
    contre, comme à Uccle, quelques *Ostrea vir-*
    gata et *cariosa*. . . . .   7 à 8

A deux ou trois cents pas de cette vaste exploitation, se trouve la campagne de M. Mosselman. En suivant un filet d'eau qui passe dans cette propriété et descend vers la Senne, nous avons observé un bloc calcaire formé de *Nummulites planulata*, en tout semblable à ceux que l'on rencontre à Mons-en-Pévèle, à la Trinité, à Renaix, etc.

Campagne Mosselman. Roches à Nummulites planulata.

Un peu au-delà du village de Forêt, situé à courte distance, un chemin creux monte vers le Buckenberg ; dans sa partie infé-rieure, un niveau d'eau s'accuse par la présence de quelques mares ; à une centaine de mètres plus haut, en face du mur de clôture du château de M. de Bavai, on découvre en fouillant le talus de gauche, un sable argileux peu épais rempli de *Num-mulites planulata*. Il est recouvert d'un lit mince de sable jaune brunâtre, sans fossiles, surmonté d'une couche calcareuse très-friable où abondent la *Turritella edita* et la nummulite déjà citée.

Forêt. Sable fin à Nummulites planulata.

Vers le haut du chemin, sur le plateau du Buckenberg, on voit en place un calcaire sableux, horizontalement stratifié, for-mant une sorte de muraille. La surface de la roche est friable ; l'intérieur, au contraire, est constitué par un grès très-siliceux (Bruxellien).

La partie superficielle du flanc de la colline dirigée vers la vallée est formée par des sables laekéniens, qui s'étendent depuis le sommet de la côte jusqu'au-dessus de l'affleurement de l'Yprésien supérieur.

L'assise bruxellienne peut encore être observée en d'autres points déjà mentionnés par M. Lyell, savoir : à Ixelles, Etterbeck, Dieghem, etc. La couche fossilifère supérieure (base du Laekénien) y est caractérisée, comme à la chaussée Louise, par les *Nummulites lœvigata* et *scabra*, *Cardita planicostata*, *Ostrea flabellula*, *Terebratula Kickxii*, etc., toujours roulées.

La partie moyenne, formée de sables blancs parfois très-calcareux, renferme des rognons de grès coquillier disposés en lits ; elle est exploitée à Rouge-Cloître près d'Auderghem, à Saint-Josse-ten-Noode etc. Cet horizon est caractérisé par les *Lucina sulcata* et *divaricata*, *Cytherea suberycinoïdes*, *Natica patula*, *Sigaretus canaliculatus*, *Cardita planicosta*, *Anomia lœvigata*. — *Rostellaria ampla*, etc. Ce niveau se rapporte à notre zone à *Lenita patelloïdes* et à Rostellaires de Cassel.

Enfin, rappelons pour compléter ce coup d'œil d'ensemble, le niveau tout-à-fait inférieur de Schaerbeck, dont il a déjà été question : il comprend d'abord des sables quartzeux, blanchâtres, renfermant un grand nombre de nodules de grès lustrés affectant quelquefois des formes bizarres qui leur ont fait donner le nom de *pierres de grottes* ou de *grès fistuleux*, puis des sables siliceux blancs, où les fossiles sont excessivement rares.

Ce niveau dont l'importance est évaluée à une vingtaine de mètres, correspond, mais avec un plus grand développement, à notre zone des sables blancs sans fossiles de Cassel.

Immédiatement au-dessous des dépôts bruxelliens, on ne rencontre plus que l'assise des sables de Mons-en-Pévèle.

Nous avons très-peu de choses à dire du gisement de Laeken.

A l'époque où nous avons visité cette localité bien connue, elle ne présentait aucune coupe de quelque valeur. Le peu de fossiles que nous y avons recueillis, se trouvait à la surface des champs, et appartenaient aux espèces les plus communes de cette assise. C'est le niveau fossilifère le plus élevé de la série laekenienne aux environs de Bruxelles. La coupe de M. Lehon indique, au-dessus de ce dépôt, les sables argileux glauconifères plusieurs fois signalés.

En résumé, les hauteurs des environs de Bruxelles présentent la succession des assises suivantes : Résumé.

Assise Laekénienne.

1° A la partie supérieure, un sable plus ou moins argileux, assimilable à l'argile glauconifère de Cassel *(Roi d'Yvetot, Chaussée Louise,* etc.).

2° Sables fossilifères de Laeken.

3° Sables grisâtres, sans fossiles, ravinant fortement les couches inférieures (Chaussée Louise, barrière Saint-Antoine, etc.)

4° Sables calcareux blanchâtres, avec bancs siliceux, caractérisés par la *Nummulites variolaria* et reposant sur un gravier avec gros grains de quartz blanc et des fossiles bruxelliens roulés : Dents de squales, *Nummulites lœvivigata* et *scabra,* etc. (visibles depuis la chaussée Louise jusqu'à Forêt).

Assise Bruxellienne.

5° Sables parfois très-calcareux, avec bancs solides fossilifères, les uns calcarifères, les autres siliceux ou même ferrugineux : *Lucina* diverses, *Cytherea suberycinoïdes, Natica patula, Cardita planicosta, Cardium porrulosum, R.ª ampla, etc.* (Rouge-Cloître, St-Josse-ten-Noode, etc.)

6° Sables blancs siliceux, avec grès lustrés et pierres de grottes, fossiles très-rares (Schaerbeck).

7° Sable blanc siliceux, sans concrétions ni coquilles.

Rappelons que ce dernier repose directement à Schaerbeck, etc. sur l'assise des sables de Mons-en-Pévèle. Nous pouvons donc de suite constater ici une double lacune dans la succession des couches : la zone à Turritelles, d'Aeltre et de Cassel, de même que l'Assise paniselienne ne sont pas représentées à Bruxelles.

Au nord-ouest de la ville, les terrains qui nous occupent forment encore, dans la direction de la côte, quelques faibles éminences dont les relations avec les Monts précédents offrent un certain intérêt : ce sont particulièrement les gisements des environs de Gand, d'Aeltre et de Thourout ; leur description fait l'objet des quelques chapitres qui suivent.

CHAPITRE IX.

GAND.

La citadelle de Gand est posée sur une butte de terrains tertiaires à pente peu sensible vers le sud, mais reliée d'autre part à la haute ville par une petite côte d'un relief assez accusé. La composition de cette colline, située vers la limite extrême de celles que l'on rencontre vers le Nord du Bassin Franco-Belge, serait très-intéressante à vérifier en détail, mais les observations n'y sont pas aisées. Les approches de la citadelle ne présentent guère de coupes naturelles ; sa partie culminante, où M. Dumont a indiqué, l'Assise *tongrienne inférieure,* n'est pas accessible, et pour l'étude des niveaux moins élevés nous avons dû nous borner à examiner la partie extérieure des ouvrages de la place, et à profiter de quelques travaux de construction effectués dans la haute-ville.

Observations effectuées sur la colline qui supporte la Citadelle.
—
Zone à *Nummulites variolaria.*

Sur les glacis, au sud de la citadelle, le sol est constitué par un sable jaune-verdâtre, à demi-fin, où l'on trouve en abondance : *Nummulites variolaria, Solarium Nystii, Cardita elegans, Lucina divaricata, Pecten corneus et plebeius,* fossiles dont l'origine laekenienne est bien reconnaissable.

Ce terrain, qui sert probablement de champ de manœuvres, est foulé profondément et les coquilles y sont en mauvais état de conservation ; mais en s'élevant un peu vers les premiers ouvrages de défense, on retrouve, dans les petits talus dégradés qui protégent les chemins couverts en avant des remparts, les mêmes espèces bien conservées, dans le même sable, avec la *Nummulites lœvigata* roulée.

Présence de la *Nummulites lœvigata*.
Grès bruxelliens

A 4 ou 5 mètres plus bas, dans le premier fossé de la place, quelques dégradations dans les talus nous ont fait reconnaître un sable quartzeux, plus gros, sans fossiles, renfermant quelques blocs de grès analogues à ceux de Schaerbeck (nord de Bruxelles).

On peut donc reconnaître, de ce côté, tout en tenant compte des remaniements occasionnés par les travaux militaires, la superposition d'une zone de sable laekenien fossilifère à une zone bruxellienne. La présence de la *Lœvigata* roulée peut-être notée de plus comme un indice du ravinement qui sépare ces deux assises à Cassel, comme à Bruxelles.

D'autre part, vers le Nord, à l'entrée de la haute-ville, sur la côte où se pressent les habitations qui dominent la place Saint-Pierre, nous avons relevé dans les tranchées occasionnées par quelques nouvelles constructions les superpositions ci-après, savoir :

Gisements constatés à la haute-ville.

Dans la plus élevée :

Zones laekéniennes.

1° Terrain remanié avec un lit interrompu de galets roulés à sa base 0ᵐ 30

2° Sable glauconieux, jaune-verdâtre, sans fossiles 1 00

3° Sable argileux glauconifère, avec empreintes de fossiles et notamment le *Pecten corneus*, 0 70

4° Sable fin calcareux, jaune-verdâtre, avec *Nummulites variolaria* très-abondante, *Solarium Nystii*, *Terebratula Kickxii*, *Ostrea inflata*, *Lucina divaricata*, *Cardita elegans*, partie visible. 3 00

5ᵐ 00

Dans la dernière couche se trouvaient de plus des rognons de grès faiblement concrétionnés avec fossiles appartenant aux espèces qui viennent d'être désignées.

Les couches 2 et 3 correspondent à l'argile glaconifère supérieure de Cassel et au sable argileux placé dans la même situation à la chaussée Louise ; le sable N° 4 représente d'une manière plus complète celui qui affleure sur les glacis de la citadelle.

Nous n'avons pas vu en ce point les bancs à Nautiles qui, d'après M. Lyell, se rencontrent cependant dans les sables de la colline de Gand. Les bancs à *Cerithium giganteum* de Cassel n'y sont pas non plus représentés ; ce fossile du reste ne se rencontre en Belgique qu'exceptionnellement et à l'état isolé ; on n'en cite guères qu'un exemplaire provenant d'Afflighem, près d'Assche.

Un puits creusé dans ces travaux accusait, par son niveau d'eau, la présence d'une couche argileuse, à la profondeur de 17 m au-dessous du niveau inférieur de la couche N° 4.

Dans la seconde tranchée, pratiquée à 5 ou 6 m plus bas que la précédente, à l'une des extrémités de la place Saint-Pierre, on avait mis à découvert :

[Zone à *Lenita patelloïdes* de Cassel.

2 mètres 50 de sables argileux, verdâtres, à grains quartzeux, traversés de bandes ferrugineuses, offrant vers leur base des rognons de grès, gris-pâle, légèrement glauconifères, horizontalement stratifiés ; ces grès empâtaient de nombreux bivalves mal conservés, parmi lesquels nous avons cru reconnaître cependant des *Venus* et des *Crassatella*.

Cette formation nous a paru correspondre à la zone bruxellienne qui repose à Cassel sur les sables blancs sans fossiles.

Les deux derniers points observés, bien que laissant entre eux une petite lacune, nous permettent de constater, sur une hauteur d'environ 13 mètres 50, la présence :

1° D'une couche argileuse correspondant à la zone laekénienne supérieure de Cassel ;

2° D'un niveau à *Nummulites variolaria* et d'une zone Bruxellienne, dont la succession et le caractère concordent également
avec la composition du même mont, jusqu'au niveau de la zone
des *sables blancs* sans fossiles.

Quant à ces derniers nous n'avons pas pu vérifier s'ils existent
ou non dans la colline de Gand. Depuis la base de la dernière
tranchée jusqu'au niveau argileux indiqué par le puits dont il a
été question, il reste un intervalle de 8^m 50 ; les sables blancs
pourraient en occuper une partie, le reste étant constitué par la
zone bruxellienne inférieure à *Cardita planicosta et à Turritella*   Zone à *Cardita*
edita, que l'on sait parfaitement représentée vers la base de la   *planicosta*
colline, comme elle l'est à Aëltre et à Cassel.   et à turritelles.

A cette dernière zone succède, à peu près au niveau de la
plaine, d'après une indication résultant d'un forage pratiqué à
une lieue environ au sud de la ville, et que l'on trouve relatée
dans l'ouvrage de sir Ch. Lyell : « 35 mètres de glauconites
sableuses et argileuses, » avec « *Nummulites planulata* dis-
» persées à différents niveaux, plus une épaisseur égale d'argile
» plus tenace, sans *nummulites.* »

Cette indication sur la présence de l'Eocène inférieur complète
encore les rapprochements établis entre cette colline et Cassel.
D'un autre côté, l'épaisseur attribuée par M. Lyell à la partie
supérieure des terrains que cet auteur désigne sous le nom de
glauconites, jointe à leur caractère argileux, permet de penser
que l'assise paniselienne, pourrait aussi se trouver représentée
à la base de la butte de Gand.

CHAPITRE X.

ENVIRONS DE GAND. — BAELEGHEM.

Au sud-est de Gand, on rencontre à peu de distance, le long
de la voie ferrée qui conduit à Grammont, quelques ondulations
de terrain très-faibles, où affleurent une partie des assises

supérieures qui constituent la colline précédente; indiquons rapidement quelques observations effectuées dans cette direction :

Entre les stations *Landscauter* et de *Schelde Windeke*, d'abord, on rencontre, un peu à l'est de la voie ferrée, une petite côte où les sables laekeniens sans fossiles et ceux de la zone à *Nummulites variolaria*, se présentent sous un diluvium à cailloux roulés de silex , assez développé en étendue.

Non loin de la station de *Schelde-Windeke*, une petite exploitation ouverte à un niveau inférieur au précédent, montre, sous une couche de limon très-ondulée , offrant dans ses dépressions des fragments de grès et de bois silicifié percé de trous de *teredo* :

Zone
bruxellienne.

Un sable quartzeux grossier, assez glauconieux, gris-verdâtre ou jaunâtre, légèrement micacé , traversé à sa partie supérieure de filets d'argile grise et à sa base de lits stratifiés de grès de faible consistance, à gros éléments de sable et de glauconie, épaisseur visible 3 mètres.

Cette dernière couche nous a paru se rapporter à celle indiquée à Gand dans la seconde tranchée de la haute ville et attribuée à la zone bruxellienne immédiatement supérieure à celle des sables sans fossiles.

A Bœleghem, petit village au sud du précédent, la série supérieure est mieux développée; on y exploite les sables laekeniens sans fossiles et de plus des bancs de grès à *Nummulites variolaria* utilisés particulièrement pour la restauration de Saint-Bavon, l'une des anciennes églises de Gand.

A 500 mètres environ de la station qui dessert Bœleghem, près de la route d'Alost, diverses entailles sont échelonnées sur les flancs d'une petite côte : dans la plus inférieure on retrouve , sous le diluvium , le sable bruxellien de *Schelde-Windeke*; une autre plus importante présente les détails ci-après :

1° Diluvium très-mouvementé, offrant plusieurs
lits de cailloux roulés de silex, épaisseur
de . . . . 1ᵐ 50 à 2ᵐ 50

2° Argile sableuse glauconifère, brune-verdâtre,
analogue à l'argile supérieure de la chaîne de
Cassel . . . . 0 · 60

3° Une bande de sable quartzeux, fortement mé-
langée de glauconie, en tout semblable à la
bande noire de Cassel . . . . 0 · 40

4° Sable fin, sans fossiles, visible sur. . . . 2 · 00

L'argile N° 2 peut se suivre vers le nord-est, où elle se prolonge, sur une plus grande épaisseur, jusqu'à la rencontre de
la route de Gand. Sur cette route et dans la même direction,
une autre carrière complète, comme il suit, la série précédente ;
on y voit dans le même ordre :

1° Argile glauconifère de Cassel. . . . . . . 4 · 40

2° Bande noire, avec les caractères déjà décrits . 0 · 40

3° Sable fin, avec petits grains de quartz anguleux, sans fossiles . . . . 2 · 50

4° Banc de grès ferrugineux, altéré . . . . . . 2 · 50

5° Sable fin, calcareux, rempli de *Nummulites
variolaria* et autres fossiles de la même zone,
entr'autres l'*Orbitolites complanata* . . . . 2 · 80

6° Banc de grès grisâtre, très-siliceux et dur, contenant en abondance : *Turritella imbricataria*,
à l'état de moule, *Ostrea inflata*, *Nummulites
variolaria*, etc. . . . . 0 · 40

6° Lit de sable fossilifère semblable au N° 5. . . 0 · 60

8° Autre banc de grès coquillier, analogue au
précédent. . . . . 0 · 35

13

Ces observations viennent ajouter un complément utile à celles que nous avons pu effectuer sur la hauteur qui domine la ville de Gand : elles permettent de constater dans cette direction sur les dernières collines flamandes, au-dessus des sables Lackeniens sans fossiles, la présence de l'argile sableuse glauconifère signalée dans la même situation au fond du golfe d'Hazebrouck [1] ; elles confirment, par leurs détails, la continuité des dépôts supérieurs de l'Eocène moyen dans toute la largeur du bassin.

La station d'Aëltre, dont nous allons dire quelques mots, nous fournira un élément de comparaison non moins intéressant en ce qui concerne la zône inférieure du même étage.

CHAPITRE XI.

AELTRE.

Cette petite localité, placée sur la voie ferrée qui conduit de Gand à Bruges est intéressante par sa position à la limite septentrionale de la bande Bruxellienne et par ses couches fossilifères dont l'état de conservation est remarquable.

La plupart des habitations d'Aëltre sont groupées le long de la route de Thielt, un peu au-dessus de la voie ferrée, dans un pli de terrain creusé au milieu d'un petit plateau qui s'étend en pente douce de l'est à l'ouest, constituant de ce côté comme un dernier relief tertiaire, en avant de la côte d'Ostende.

Zone fossilifère correspondant à la zone à turritelles de Cassel.

En se dirigeant à travers champs, de l'extrémité ouest du village vers la voie de fer, on remarque dans quelques bas fonds sinueux, dont les cultures sont entrecoupées, à 1 mètre environ au-dessus du niveau du plateau : quelques bancs irréguliers d'une roche calcaréo-sableuse, blanchâtre, piquée de grains de

[1] C'est à cette couche argileuse, pour nous Laekenienne, que s'applique, selon toute apparence, ici comme à Gand, l'indication de l'assise tongrienne figurant sur la carte de Dumont.

glauconie, intercalés dans des sables glauconieux gris-verdâtres
à grains moyens et à demi-fins.

Les bancs sont pour ainsi dire formés d'un conglomérat de
fossiles, où abondent particulièrement les *Cardium obliquum* et
porrulosum, la *Cardita elegans*, *Venus suberycinoïdes, turritella
edita, Bifrontia serrata;* dans les sables on recueille le *Cardium
porrulosum*, la *turritella edita*, l'*ostrea flabellula*, etc. Cet ensemble
rappelle parfaitement, à part le grain du sable qui est un peu
plus fin et une abondance moindre de glauconie, la zône que l'on
rencontre, dans la chaîne de Cassel, au-dessus du niveau des
sables blancs, et que nous avons désignée sous le nom de *Zone
à Turritelles*.

En continuant à marcher dans la même direction, on atteint
en très peu de temps la ligne du chemin de fer d'Ostende, qui
traverse en tranchée cette partie du plateau. A la hauteur d'un
pont de pierre jeté sur ce passage, le talus présente la coupe
suivante :

1° Limon..   0   50
2° Deux bancs calcaréo-sableux, irréguliers, sem-
    blables aux précédents, épais de 35 à 40 c.,
    intercalés dans un sable glauconieux jaune-
    verdâtre, assez fin, offrant, sous le dernier
    banc, un lit pressé de coquilles bien conser-
    vées, mais fragiles, où domine surtout la
    Turritella edita, et un peu au-dessous, un lit
    semblable formé principalement de *Cardita
    planicosta*, le tout sur une épaisseur visible de   3   00

En mélange avec les fossiles qui viennent d'être désignés
se rencontrent encore : *Venus lœvigata, Venus suberycinoïdes,
Bifrontia serrata, Ostrea flabellula* de petite taille, *Corbula
pisum, Cardita elegans, Natica glaucinoïdes*, etc. Les *Cardita
planicosta* se présentent fréquemment avec leurs deux valves

réunies et leurs ligaments ; d'autres fois elles sont roulées, perforées et remplies de débris de coquilles ; un autre banc de *Cardita* affleure un peu plus bas, sous le pont même qui domine le talus.

Par ses fossiles, comme par ses caractères minéralogiques, le niveau d'Aëltre correspond donc parfaitement, comme on le voit dans cette description succincte, à la *Zone à Turritelles* de Cassel.

Grès lustrés paniséliens. Aux environs de la gare, le plateau s'abaisse graduellement vers l'ouest et l'on remarque à la surface des champs des roches siliceuses grisâtres, à cassure lustrée, gris-bleuâtre, avec grains de glauconie très-visibles. Ces roches ne nous ont pas offert de fossiles, mais leur position inférieure à la zone précédente et leur caractère minéralogique nous conduisent à les attribuer à la formation panisélienne.

Sur la plage d'Ostende, on recueille assez souvent des *Cardita planicosta* et la *Turritella edita*, parfois en assez bon état, mais le plus souvent roulées et cependant aisées à reconnaître comme contemporaines du gisement d'Aëltre ; ces mollusques d'ailleurs ne vivent pas sur nos côtes à l'époque actuelle.

La présence de ces vestiges dans les sables d'Ostende montre que la couche d'Aëltre plonge de l'est à l'ouest et vient affleurer en ce point, dans la zone littorale de la mer du Nord, soumise au mouvement des marées.

CHAPITRE XII.

THOUROUT.

Avant de clore cette série de descriptions, disons encore quelques mots des environs de Thourout. Cette petite ville est située à 23 kilomètres ouest d'Aëltre, dans une plaine ondulée, constituée en grande partie par l'argile des Flandres ; deux voies ferrées y aboutissent : celles d'Ostende et de Bruges.

A un kilomètre nord de Thourout, sur la route d'Aertruyck et à la naissance d'une petite côte, se présente une sablière offrant sous 0 m. 30 de limon.

Observations
effectuées
sur la route
d'Aertruyck.

Paniselien.

1° Un sable assez fin , glauconieux, verdâtre . . 0 60

2° En stratification ondulée, une bande d'argile
    grise et accidentellement quelques menus
    fragments de roches solides. 0 05

Yprésien supérieur.

3° Un autre sable gris-jaunâtre, glauconieux, plus
    fin que le précédent et micacé, partie visible. 1 00

Le caractère minéralogique de ces deux sables ne suffirait pas à leur détermination, mais leur position par rapport aux couches suivantes, permet de rapprocher cette coupe de celle d'Holle- beck [1].

A environ 100 mètres plus loin et à une altitude un peu supérieure, se présente une exploitation d'argile sableuse tuffacée, sans fossiles, rappelant par ses caractères l'argile paniselienne du Mont de la Trinité. Cette argile se continue au même niveau jusqu'à la naissance de la tranchée du chemin de fer d'Ostende, où elle acquiert une épaisseur de 2 m. 50 environ. Elle y est surmontée, en stratification discordante, par différents lits de roches d'une importance de 4 à 5 mètres. Ces derniers offrent de bas en haut les détails ci-après :

Tranchée
du
chemin de fer
d'Ostende.

—

Glauconie
du mont Panisel.

1° Psammites paniseliens, souvent très-siliceux, formant un banc fendillé continu.

2° Tuffeau argilo-sableux renfermant des grès glauconieux où l'on remarque les fossiles habituels à cette assise : *Ostrea flabellula.—Pinna margaritacea.—Nucula parisiensis.—Cardita acuticosta,* etc.

---

[1] Voir première partie, p. 18.

3° Grès schisteux , gris verdâtres et lustrés; ceux-ci sont peu fossilifères, mais comme à Grammont , leur surface est perforée ou creusée de sinuosités qui ressemblent à des traces de serpules.

Dans sa carte , Dumont indique de ce côté de Thourout, la formation bruxellienne, nous ne pouvons partager cette opinion en ce qui concerne le point que nous venons de décrire. Nous n'y avons rien remarqué de supérieur au Paniselien.

———————

Avec le chapitre précédent se termine la description des collines de la Belgique dont l'étude était indispensable pour la comparaison que nous avions en vue.

Il existe encore au nord de Bruxelles , d'autres couches ter-tiaires importantes : celles du Limbourg , les sables du Boldelberg et le *crag* d'Anvers , qui appartiennent aux Terrains miocène et pliocène.

Quant aux premières , rappelons que nous avons indiqué dans la chaîne de collines franco-belge, notamment du Mont-Rouge , au Mont-Aigu et au mont de la Trinité, quelques lambeaux de sables sans fossiles qui pourraient, stratigraphiquement, s'y rapporter ; les autres ne sont pas représentées dans le département. Une description complète de ces couches exigerait, d'ailleurs, de tels développements qu'elle constituerait à elle seule une étude spéciale, trop vaste pour entrer dans notre cadre.

TROISIÈME PARTIE.

RÉSUMÉ

SUR LES ASSISES TERTIAIRES REPRÉSENTÉES DANS LA CHAINE DE
COLLINES DE L'ARRONDISSEMENT D'HAZEBROUCK.

RELATIONS DE CETTE CHAINE AVEC LE BASSIN SUD DU DÉPARTEMENT ET
COMPARAISON AVEC LES TERRAINS CORRESPONDANTS DE LA BELGIQUE.

TERRAIN EOCÈNE.
ÉTAGE EOCÈNE INFÉRIEUR.
1re ASSISE. — LANDÉNIEN.

(Système Landénien de Dumont).

Nous ne considérons pas le Landénien comme faisant partie
intégrante de nos collines, non plus que les calcaires de Heers
et de Mons. Nous n'ajouterons rien à ce qui en a été dit dans
la première partie de cette étude et accessoirement dans quelques descriptions locales.

2e ASSISE. — ARGILE DES FLANDRES.

(Système yprésien inférieur de Dumont).

La présence de l'argile des Flandres a été constatée d'une
manière générale, dans le bassin d'Hazebrouck, à la base de
tous les monts depuis Watten jusqu'aux environs d'Ypres et
dans le bassin de Mons-en-Pévèle. Elle constitue en outre presqu'à elle seule, vers le centre du département, une autre série
d'ondulations de moindre importance, dont l'altitude varie de
75 à 80 mètres, telles que : le Ravensberg (77^m), Mons-en-
Barœul (44^m), Bondues (52^m), Mouveaux (55^m), Linselles (59^m),
Werwick (61^m), etc.

En Belgique, cette assise se développe largement, comme nous l'avons déjà dit, au nord-ouest et au nord-est, depuis les approches de la côte jusqu'à la ligne de la Senne; nous en avons relevé des affleurements au pied des collines de la Trinité, Mons, Renaix, Grammont et Thourout; elle passe sous les hauteurs de Bruxelles et de Louvain.

Les relations stratigraphiques de cette assise ont été surtout bien établies à Mons-en-Pévèle, au mont de la Trinité et aux environs de Mons. Elle se trouve comprise entre les sables d'Ostricourt (Landénien supérieur) et les sables de Mons-en-Pévèle (Yprésien supérieur); quant à ses caractères minéralogiques et paléontologiques dans les deux pays, nous renvoyons aux détails mentionnés au chapitre IV, 1re partie (p. 15 à 20).

3e ASSISE. — SABLES DE MONS-EN-PÉVÈLE.

(Système yprésien supérieur de Dumont. — Système bruxellien (pars) de Meugy.

Bien développés dans le golfe d'Orchies, à Mons-en-Pévèle, et en regard au mont de la Trinité, ces sables sont très-faiblement représentés dans le nord du département.

A part le mince lambeau signalé sur le mont de Watten et caractérisé par la *Nummulites planulata*, nous ne les avons nettement revus, dans notre voisinage, que sur le territoire belge, à la base du mont Kemmel, où leur épaisseur est réduite à trois ou quatre mètres, puis près d'Ypres, à Hollebeke.

Dans la chaîne de Bailleul à Ypres (partie française), l'observation de cette assise est en général très-difficile, à cause de sa puissance probablement assez faible sur les points où elle existe réellement, et par suite des difficultés d'observation à ce niveau; nous avons lieu cependant de croire qu'elle est représentée à la base du massif de Cassel.

Il ne serait pas impossible, d'un autre côté, que cette assise fût, dans quelques localités, tout-à-fait argileuse, comme nous l'admettrons facilement, par exemple, pour l'argile de Courtrai, où la présence de la *Nummulites planulata* vient apporter un argument à l'appui de cette idée ; mais, dans le département, on ne connaît nulle part, si ce n'est à Roncq (Meugy), de couches d'argile qui se trouvent dans ces conditions. De cette hypothèse il résulterait, que cette assise est de nature principalement sableuse sur les bords du bassin, c'est-à-dire au mont de la Trinité, à Mons-en-Pévèle, à Cassel, au mont Kemmel et à Watten, tandis qu'elle est argileuse vers le centre, où elle passe insensiblement à l'assise inférieure : l'argile des Flandres.

En outre des points mentionnés dans la Flandre occidentale, nous avons revu la même assise dans le Brabant, à Louvain ; elle n'y renferme pas de fossiles, mais ses caractères minéralogiques sont les mêmes qu'à Mons-en-Pévèle. Au contraire, elle est riche en Nummulites à Bruxelles, où M. Le Hon l'a reconnue en différents points autour de la ville, et nous l'avons observée nous-même à Forest, près du château de M. de Bavay. A peu de distance de ce point (campagne Mosselman), nous avons revu également un fragment de banc calcaire uniquement formé de Nummulites en tout semblable à ceux de Mons-en-Pévèle.

Cette assise est encore visible en différents points de la base des collines de Renaix, notamment dans le chemin de la Bruyère de Lourmont, près du cabaret le Bureau ; elle y est indiquée par des blocs calcaires volumineux, entièrement formés de *Nummulites planulata*, comme ceux de Mons-en-Pévèle, et par des roches pétries de *Turritella edita*, que l'on ne saurait distinguer de celles de la Trinité.

On rencontre aussi, notamment dans le vallon de l'Arabie, près de Saint-Sauveur, les plaques siliceuses coquillières du mont de la Trinité ; les Turritelles, *Cardium*, fragments d'*Ostrea fla-bullula* y dominent. Ces fossiles sont généralement brisés, et il est visible qu'ils étaient déjà roulés et en débris avant leur transformation minéralogique. Dans ce gisement, comme au mont Saint-Aubert, ils paraissent se trouver à la partie supé-rieure de l'assise.

Rappelons encore les sables fins à *Nummulites planulata* si-gnalés au pied même du mont de la Musique, dans le tunnel du chemin de fer. Ils reproduisent minéralogiquement les caractères de ceux de Mons-en-Pévèle et sont riches en *Nummulites*, en *Ostrea flabellula* de petite taille, *Solarium*, etc.

A Grammont, en avant du tunnel, les mêmes sables sont assez développés et minéralogiquement très-reconnaissables. Nous n'y avons pas trouvé de fossiles.

Indépendamment des sables fins, dont nous prenons le type à Mons-en-Pévèle et dont nous venons de rappeler les princi-paux gisements, l'assise des sables yprésiens paraît comprendre une autre zone de sables sensiblement plus gros et où nous n'avons jamais trouvé de fossiles. Cette dernière zone consti-tuerait-elle un autre niveau que la précédente, ou serait-elle simplement son prolongement? c'est ce que nous ne pouvons décider encore, ne les ayant jamais rencontrées toutes deux simultanément. Les sables qui succèdent à l'argile des Flandres, au mont Panisel, présentent notamment ce facies particulier. Peut-être pourrait-on rapporter à cette zone la partie inférieure des sables glauconifères affleurant à la base de quelques-uns de nos monts, entr'autres au Mont-Noir, au Mont-Rouge, au Mont-Aigu? En ce cas, la limite entre l'assise yprésienne et la formation panisélienne serait marquée dans ces gisements par un ravinement assez constant que nous y avons relaté en plusieurs carrières.

Le contact des sables de Mons-en-Pévèle avec l'argile des Flandres est surtout visible dans la colline de Mons-en-Pévèle, au mont de la Trinité et à Grammont. Dans ces deux dernières localités, les sables en question sont immédiatement recouverts par la glauconie panisélienne admise jusqu'ici comme formant, dans notre contrée, l'assise la plus inférieure de l'Eocène moyen.

Dumont, en 1839, avait rangé cette assise dans le Landénien. En 1849, il divisa ce système Landénien en deux autres : l'inférieur seul conserva la dénomination de Landénien ; l'autre reçut le nom d'Yprésien. Dans ce dernier système, les sables de Mons-en-Pévèle formèrent dès-lors la division supérieure, et selon l'opinion de ce géologue, ils représentaient, en partie, les sables du Soissonnais. A cette même date, M. d'Archiac partageait cet avis.

M. Meugy, ne tenant pas compte du caractère paléontologique de cette assise, crut devoir la réunir aux sables de l'étage bruxellien. Ce rapprochement n'a été adopté par personne.

L'assise des sables de Mons-en-Pévèle correspond aux sables de Cuise, du bassin de Paris, aux grès d'Emsworth et aux sables de Bagshot, du bassin de Londres.

ÉTAGE EOCÈNE MOYEN.

1ʳᵉ ASSISE. — GLAUCONIE DU MONT PANISEL.

(Système panisélien de Dumont ; système bruxellien par M. Meugy).

Cette assise n'est pas représentée dans le golfe d'Orchies. A Mons-en-Pévèle, il n'y a rien de supérieur aux sables à *Nummulites planulata*.

Au mont de la Trinité, nous avons constaté son existence à l'état de tuffeau plus ou moins sableux, d'argile grise et de grès devenant parfois lustrés, le tout compris entre les sables à *Nummulites planulata* et les sables de Cassel.

Dans le nord de notre bassin, correspond stratigraphiquement aux formations plus complexes du mont de la Trinité une
zone formée presqu'exclusivement de sables quartzeux, avec
nombreux grains de glauconie et généralement peu fossilifère;
elle est exploitée aux Récollets, au Mont-des-Chats, à Boeschepe,
au Mont-Noir (en deux carrières importantes), au mont Kemmel;
elle forme, en partie, la base du Mont-Aigu.

Au mont des Récollets, à la briqueterie Grandel, on rencontre, à la partie supérieure de ces sables, des blocs irréguliers de tuffeau offrant quelques fossiles, parmi lesquels domine
la *Pinna margaritacea,* que nous avons toujours vue très-abondante dans les gisements paniséliens les mieux constatés. La
nature presqu'entièrement sableuse de ces dépôts, l'absence
des psammites si bien développés au centre du bassin, à Renaix,
par exemple, et le peu de place qu'y tiennent les grès lustrés
nous portent à penser que le terrain où s'élève aujourd'hui cette
chaine de collines a dû se trouver, à l'époque où se sont constitués ces dépôts, sur le rivage occidental de la mer panisélienne.
On ne trouve plus d'ailleurs de traces semblables dans notre pays
en-deçà de cette ligne.

M. Meugy, de son côté, dans son *Essai de géologie sur la Flandre
française*, a signalé des grès lustrés à *Pinna margaritacea* à
quelque distance des Récollets, vers le nord-ouest (au Vert-
Vallon et au moulin de Standaert); on ne les a plus retrouvés
depuis; mais cette observation, dont il faut tenir compte, ten-
drait à prouver que des bancs de l'espèce, assez importants, ont
pu exister également autrefois à la base de Cassel.

En Belgique, indépendamment du gisement indiqué au mont
de la Trinité, nous avons vu la même assise représentée près
de Mons, au Mont Panisel, d'où elle a tiré son nom, à Grammont,
puis dans les collines pittoresques qui se développent en amphi-
théâtre autour de Renaix et Saint-Sauveur, et enfin vers le nord-

ouest, à proximité de Thourout. Nous en avons reconnu encore des vestiges dans la plaine d'Aëltre.

Sa composition est presque uniquement sableuse, comme nous venons de le dire, dans la chaine de Cassel à Ypres. A Tournai, elle comprend des couches d'argile, de sables et de roches tuffacées ; au mont Panisel, elle présente en outre plusieurs lits alternatifs de sables et de grès siliceux plus ou moins lustrés ; à Grammont, sa nature minéralogique rappelle celle du mont précédent, mais sa partie supérieure est plus développée.

Les collines de Renaix présentent successivement le tuffeau argilo-sableux (Frasnes), une succession importante de psammites (Saint-Sauveur), et des grès lustrés (fontaine Odos).

La tranchée de Thourout est formée de sables et d'argile surmontés de tuffeau et de grès.

Les fossiles déterminables que l'on rencontre dans cette assise ne se trouvent guère que dans les roches siliceuses, et les espèces citées jusqu'ici sont encore en petit nombre.

M. Dewalque *(Géologie de la Belgique)*, rapporte ce qui suit au sujet de cette assise : « Le système Panisélien a été introduit par Dumont en 1851, et il n'est guère connu que par sa carte géologique, où la légende l'indique comme formé de psammites, de sables argileux glauconifères, d'argile et d'argilite. Les notes manuscrites que Dumont a laissées en font à peine mention. »

Les caractères minéralogiques rappelés ci-dessus, s'accordent avec ceux que nous avons reconnus dans nos recherches. La physionomie particulière de cette formation et son développement en certaines localités, incidents sur lesquels nous avons déjà insisté, semblent justifier sa conservation à titre d'assise, opinion que ne partage pas, au même degré, M. Dewalque.

Cet auteur semble y voir, tout au plus, un faciès spécial du système Bruxellien, avec lequel on lui trouve un grand nombre de fossiles communs : la moitié des espèces. Nous reconnaissons l'exactitude de cette assertion; mais nous ferons observer, d'un autre côté, que sur les quarante-deux espèces formant la liste totale de M. Dewalque, neuf sont des plus caractéristiques, suivant M. Deshayes, des sables inférieurs; elles ne passent jamais dans l'Eocène moyen; ce sont les suivantes: *Nummulites planulata, Pleurotoma Lajonkairei, Voluta depressa, Voluta elevata, Tellina Edwarsii, T. transversa, Lucina squamula, Nucula fragilis.*

D'un autre côté, les espèces qui passent en même temps dans le calcaire grossier (10) ne lui sont pas spéciales et ne sont pas caractéristiques au même degré de ce dernier niveau.

Treize autres espèces montent plus haut, mais elles se retrouvent également dans les sables inférieurs.

Sans aller plus loin dans ces rapprochements, on voit donc que le Panisélien offre une faune de mélange où l'élément inférieur a conservé un certain nombre de types bien caractéristiques, ce qui n'existe pas au même degré pour les vingt autres formes.

Comme nous le faisons observer plus haut, le travail paléontologique, en ce qui regarde cette assise, est encore incomplet. De plus, il nous semble qu'on devrait tenir un certain compte de la quantité proportionnelle des espèces et sous ce rapport l'abondance de la *Nummulites planulata,* en quelques localités, mérite d'être prise en considération.

En résumé, nous pensons que l'assise qui nous occupe forme une division spéciale, utile à conserver, et que, dans l'état actuel de la question, il serait préférable de la ranger dans l'Eocène inférieur que dans l'Eocène moyen. Ce dernier étage aurait, dans ce cas, une base bien nette: les sables coquilliers et les bancs calcaires inférieurs d'Aëltre et de Cassel.

Le Panisélien, à part l'élément sableux, est faiblement représenté dans notre département; il est plus complet et atteint son maximum de relief en Belgique , à Renaix et à Grammont. Au nord-ouest il affleure encore à Thourout et à Aëltre ; mais ses limites à l'est n'ont pas atteint les coteaux de Bruxelles.

Son contact inférieur avec les sables de Mons-en-Pévèle se voit surtout à la Trinité, à Renaix, à Grammont, au mont Panisel et à Thourout. Sa limite supérieure, marquée par la couche à turritelles, est visible à Cassel, au Mont-Rouge, au Mont-Aigu et à Aëltre.

L'espace occupé par ce dépôt est, en somme, beaucoup plus restreint que celui des sables de Mons-en-Pévèle ; nous verrons le contraire se produire pour les assises suivantes qui le recouvrent en stratification transgressive .

2e ASSISE. — SABLES DE CASSEL.

(Systèmes Bruxellien et Laekénien de Dumont et Meugy).

Nous avons emprunté à M. Gosselet l'expression d'assise des *Sables de Cassel* pour désigner un ensemble de couches comprises dans le sable grossier inférieur de Paris et correspondant aux systèmes Bruxellien et Laekénien de Dumont. Ces dernières dénominations ont été conservées dans notre étude à titre de sous-assises, en raison des rapports nombreux qui relient ces dépôts en Belgique et dans notre département et des groupes bien distincts qu'elles peuvent caractériser.

Le massif de Cassel présente, dans le département, la succession la plus complète de ces terrains. Rappelons-en les diverses zones, limitées, tantôt par des ravinements, tantôt par des modifications dans la faune :

A. Sous-assise Bruxellienne.

1 Zone à Turritelles ;
2 » des sables blancs sans fossiles ;
3 » à *Lenita patelloïdes* et à *Rostellairia ampla* ;
4 » à *Nummulites lœvigata.*

B. Sous-assise Laekénienne.

5 Zone à *Cerithium giganteum* et à *Nautilus Burtini.*
       1er niveau à *N. variolaria.*
6 »   des sables sans fossiles ;
7 »   à *Ostrea inflata* et 2e niveau à *N. variolaria ;*
8 »   de l'argile glauconifère.

Dumont a posé, en 1850, la limite séparative de ces deux assises entre nos zones 4 et 5, en se fondant principalement sur la présence d'une couche de fossiles et de dents de squales roulés qui se remarquent à Bruxelles comme à Cassel à ce ce niveau. MM. Le Hon et Dewalque ont étendu l'assise inférieure jusqu'au ravinement qui sépare les couches 5 et 6. Il s'est produit, il est vrai, en ce point, dans les deux pays, des effets d'érosion remarquables ; mais nous devons faire observer que l'on n'a pas encore établi jusqu'ici une différence suffisante dans la faune des deux côtés de cette limite : la *N. variolaria* notamment se rencontre, en-deçà comme au-delà, en quantité prodigieuse ; nous avons adopté de préférence la limite choisie par Dumont, parce qu'elle est fondée sur une dénudation suffisamment accusée et que, de plus, elle sépare nettement l'horizon de la *N. lœvigata* de celui de la *N. variolaria.* Cette délimitation paraît encore justifiée par la nature minéralogique des sables, qui sont généralement fins dans la division supérieure, quand ils n'ont pas été remaniés, et quartzeux et grossiers dans la division inférieure. Enfin cette manière de voir s'accorde avec les conclusions de M. Hébert, sur les grandes divisions que l'on peut établir dans le terrain Eocène moyen de Belgique : conclusions déduites par cet éminent géologue du remarquable travail de M. Le Hon, savoir :

1° Que le système Bruxellien correspond à la partie du calcaire grossier inférieur, qui est au-dessous des bancs à *Cerithium giganteum ;*

2° Que le système Laekénien comprend la partie du calcaire grossier qui est au-dessus des mêmes bancs.

Prenons maintenant chacune de nos zones et comparons leur degré d'importance dans les deux pays.

A. Sous-assise inférieure ; Bruxellien.

1. La plus inférieure, la **zone à Turritelles**, est bien développée dans le massif de Cassel ; on l'a indiquée ensuite à Boëschepe ; de là elle se prolonge en Belgique, où elle affleure vers la base du Mont-Rouge et du Mont-Aigu. Plus loin, au nord-est, on la retrouve sous la colline de Gand et à Aëltre.

En-dehors de cette ligne de direction, qui est parallèle à la côte actuelle, nous ne l'avons revue nulle part ; elle manque notamment à Bruxelles, où apparaît cependant la zone immédiatement supérieure : celle des sables blancs sans fossiles.

Aux deux points extrêmes de la chaîne flamande, à Cassel et à Aëltre, elle offre, sous le rapport de la faune et de la composition, les analogies frappantes que nous avons déjà fait ressortir et qui, jusqu'ici, n'avaient pas été relevées.

2. La seconde zone est celle des sables blancs, que nous avons appelée *sans fossiles,* mais dans laquelle nous avons trouvé accidentellement une partie des restes de tortues marines signalés à Cassel. On ne la revoit, avec des caractères minéralogiques bien nets, qu'à Bruxelles, où elle constitue, avec plus de développement, la base des dépôts bruxelliens. C'est entre ce dépôt et celui qui fait l'objet de notre zone suivante, que se trouvent, à Schaerbeck, par exemple, des sables de même nature, renfermant les concrétions siliceuses connues sous les noms de grès fistuleux ou pierres de grottes. C'est le gisement de l'*Emys Cuvieri* et d'une partie des fruits de *Nipadites.*

14

3. La zone suivante est surtout bien représentée dans le groupe de Cassel et des Récollets , à Bruxelles et dans ses environs (Rouge-Cloître , Saint-Josse-ten-Noode , etc.) Elle consiste , chez nous , en bancs calcaréo-siliceux intercalés dans un sable quartzeux , le plus souvent rempli de coquilles extrêmement friables. Dans les faubourgs de Bruxelles et à Dieghem , ces mêmes sables sont assez calcareux pour que l'on ait pu en faire de la chaux. A Grœnendal , les grès sont généralement ferrugineux ; mais à part ces modifications minéralogiques , les fossiles généralement abondants dans cette zone, sont les mêmes dans les deux pays.

Nous l'avons encore revue à Gand , sous les constructions de la haute-ville , et enfin à l'état rudimentaire , au Mont-Aigu et dans une des carrières de Kemmel.

4. La zone à *Nummulites lœvigata* , qui termine notre série bruxellienne , a encore son meilleur type aux Récollets et à Cassel. Elle comprend, dans ces monts , un lit de sable quartzeux fossilifère , surmonté d'un banc de roche à surface corrodée. Les *Nummulites lœvigata* et *scabra* y abondent particulièrement. Ce niveau représente , dans un cadre réduit , la glauconie du calcaire grossier du bassin de Paris. (Division de M. Hébert).

Au Mont-des-Chats, on retrouve quelques débris du banc solide à *Nummulites lœvigata ;* au Mont-Aigu le même banc se rencontre encore à l'état fragmentaire. A Bruxelles , la zone à *Nummulites lœvigata* , réellement en place, ne nous semble pas représentée ; ce dernier fossile n'apparaît plus qu'à l'état remanié dans le gravier fossilifère à dents de squales , ligne de démarcation correspondant au ravinement qui sépare à Cassel nos deux sous-assises Laekénienne et Bruxellienne.

A l'assise Bruxellienne , prise dans son ensemble, correspondent encore dans plusieurs collines, au Mont-des-Chats , à Boëschepe, au Mont-Noir, à la Trinité, à Renaix, etc., des couches sableuses dépourvues de fossiles, mais que leurs caractères minéralogiques et surtout leur position nous ont fait rapporter à cette division.

B. Sous-assise supérieure. Laekénien.

5. Notre zone laekénienne la plus inférieure est caractérisée par des sables fins légèrement calcareux où apparaît, pour la première fois, la *Nummulites variolaria*, puis par des lits de *Cerithium giganteum* et de *Nautilus Burtini*, et des bancs de grès à *Ostrea inflata*.

La *N. variolaria* y est répandue à profusion. Ce foraminifère a, pour ainsi dire, une valeur caractéristique dans notre Laekénien; il n'apparaît que plus tard dans le bassin de Paris, dans l'Eocène supérieur.

C'est aux Récollets que cette zone se voit dans son entier développement; à Cassel, déjà, les bancs supérieurs à *Ostrea inflata* et à *Nautilus* tendent à disparaître. Au-delà de ce massif, dans la partie française de la chaîne de l'arrondissement d'Hazebrouck, on n'en voit plus de traces. C'est seulement au Mont-Aigu que l'on en rencontre de nouveau la partie supérieure, formée des débris d'un banc à *Ostrea inflata* et d'une couche sableuse à *Nummulites variolaria*.

Ce niveau nous semble très-faiblement représenté en Belgique: à part Gand, où M. Lyell dit que les couches à *Nautilus* existent dans les tranchées de la citadelle, et quelques échantillons isolés indiqués par le même auteur à St-Gilles *(Nautilus)* et Afflighem *(Cerithium)*, nous ne le voyons cité nulle part, et personnellement nous ne l'avons pas rencontré dans nos explorations. Les couches en question semblent, dans ce pays, avoir été détruites en grande partie et n'être plus représentées que par les sables fins ou graveleux, à *Variolaria*, visibles à la Chaussée-Louise, à Forest et à Uccle.

6. La zone suivante est formée de sables fins, mélangés de grains de quartz anguleux et translucides, abondants surtout vers la base, où ils sont fréquemment accompagnés des *Nummulites Heberti* et *lævigata*, l'une et l'autre altérées et roulées.

Les fossiles manquent généralement dans l'épaisseur de ces sables, sauf de rares échantillons conservés dans des concrétions ferrugineuses (mont Cassel).

Faiblement développés au centre de la grande carrière des Récollets, où leur position est stratifiquement bien définie, ces sables s'étendent très-largement sur les flancs du même mont, où ils ravinent fortement toutes les couches inférieures. On les retrouve dans presque toutes les carrières de Cassel, au Mont-des-Chats, au Mont-Noir, au Mont-Rouge et sur le territoire belge, à Kemmel et au Mont-Aigu. De là ils se prolongent dans les collines de Renaix, à Bruxelles, où ils sont très-développés, et à Louvain. Il en existe encore un lambeau au mont de la Trinité.

7. Au-dessus de ces sables sans fossiles vient une deuxième zone de sables fins à *N. variolaria*, avec bancs de grès renfermant l'*Ostrea inflata*, la *Turritella imbricataria*, etc.

En France, nous ne la connaissons que dans la principale carrière Grandel (Récollets) ; en Belgique, c'est elle qui semble réapparaître à Baeleghem, à Gand, puis à Laeken.

8. Enfin la dernière zone, formée par une argile sableuse et glauconieuse, avec une bande de glauconie quartzifère à la base (bande noire), se prolonge à partir du massif de Cassel dans toute la suite de la chaîne des Flandres jusqu'à Gand et Baeleghem ; elle se retrouve dans les collines de Renaix, à Bruxelles (Chaussée-Louise) et à Laeken, selon la coupe donnée par M. Le Hon. Ses derniers affleurements se montrent à proximité de Louvain, dans la tranchée d'Heghenowe, sous les sables tongriens.

La présence dans l'argile et la bande noire d'un grand nombre de fossiles laekéniens, à l'exclusion de tout type caractéristique d'un étage supérieur, nous a permis de faire rentrer cet horizon, autrefois considéré comme tongrien, dans la sous-assise laekénienne. Cette question a été exposée avec quelques détails, dans le chapitre qui traite du mont des Récollets, p. 65 et suivantes.

En résumé on peut déduire, pensons-nous, des développements qui précèdent, que les terrains constituant notre assise des sables de Cassel, forment un trait-d'union entre les systèmes Laekéniens et Bruxelliens de Belgique et la partie correspondante du calcaire grossier des environs de Paris.

En Belgique, le Laekénien, tel que nous le délimitons, est peut-être un peu plus développé et plus riche en fossiles, du moins aux environs de Laeken, de même que la partie moyenne du Bruxellien offre, aux environs de Bruxelles, une épaisseur plus considérable de bancs de grès siliceux et de zones sableuses que dans notre contrée; mais, d'un autre côté, une de nos zones les plus importantes, celle caractérisée par les lits de *Nautilus* et de *Cerithium giganteum*, si bien développée dans le bassin de Paris, n'a laissé en Belgique que de faibles traces, et la couche des *Nummulites lœvigata*, en place, n'y est pas représentée.

Quant à la faune elle présente, à cela près, des deux parts, la plus grande analogie.

Si l'on compare l'altitude de ces dépôts, on remarque que les collines de Bruxelles sont inférieures à celles de la Flandre française; dans les premières, l'Eocène moyen atteint, au maximum 100^m d'élévation; à Cassel, il s'élève à la cote de 137^m Cette décroissance d'altitude des couches éocènes s'observe également à partir de Cassel et de Bruxelles dans la direction de Bruges et de la mer du nord; à Baeleghem, le Laekénien se montre presqu'au niveau du sol, et sur la côte d'Ostende les couches d'Aëltre viennent affleurer au-dessous du niveau des basses mers.

ÉTAGE EOCÈNE SUPÉRIEUR.

Nous n'avons reconnu, dans le bassin anglo-flamand, aucune formation correspondant aux couches qui représentent l'Eocène supérieur dans le bassin de Paris.

Dumont avait rapporté son système laekénien, équivalant à notre sous-assise du même nom, au niveau des sables de Beauchamp ; mais les études si complètes de M. Le Hon, sur la faune laekénienne, ont démontré que cette formation ne pouvait pas être séparée du calcaire grossier, opinion que partagent également MM. Hébert, Nyst et Lyell.

Cette lacune nous laisse dans l'incertitude sur l'état de notre contrée à l'époque où se déposaient à Paris les sables et les grès de Beauchamp, le calcaire d'eau douce (travertin inférieur) et et les marnes avec gypse.

TERRAIN MIOCÈNE.

Nous avons rapproché du terrain miocène quelques bancs sableux relevés au Mont-des-Chats, au Mont-Rouge, au Mont-Aigu, à Renaix, etc., et compris stratigraphiquement entre la zone laekenienne supérieure et l'assise des grès de Diest. Il se peut que ces bancs représentent, partiellement, les sables du Limbourg. On ne peut invoquer toutefois, à l'appui de cette classification, que leur position, quelques rapports minéralogiques et une limite séparative de petits galets qui existent en quelques points à leur base (Mont-des-Chats, Mont-Aigu, Renaix). Les indications paléontologiques y font tout-à-fait défaut.

Nous avons également rapporté à cet étage, à Cassel, à Boëschepe et au Mont-Noir des couches correspondantes, mais dont la situation stratigraphique est moins bien établie.

Dumont a indiqué dans les collines belges le Tongrien et le Rupélien inférieurs; or, si l'argile glauconifère, qui est pour nous laekenienne, correspondait à la première de ces divisions presque tout entière, il ne resterait plus guère, dans notre Miocène, que les sables considérés par cet auteur comme rupéliens

TERRAIN PLIOCÈNE.

ASSISE DES SABLES DE DIEST.

(Système diestien de Dumont et de Meugy.)

Cette assise ne se rencontre pas en place dans le golfe d'Orchies; mais elle a laissé des vestiges manifestes en regard de Mons-en-Pévèle, de l'autre côté de la frontière, au mont de la Trinité.

Dans l'autre partie du bassin, elle couronne le sommet de toutes les collines depuis Watten jusqu'au Mont-Aigu. Son importance est à Cassel de quatorze mètres, épaisseur qu'elle ne dépasse guère dans toute la chaine. Elle est surtout bien en évidence au Mont-des-Chats et à Boëschepe, où elle est exploitée sur les plateaux. Nous avons indiqué, dans ces localités, le facies particulier de ces dépôts, en insistant sur les alternances des lits de grès, de sables et de galets dont ils sont formés et sur leur inclinaison anormale observée dans quelques carrières.

On n'y a pas encore trouvé de fossiles dans notre pays. Les sables et les grès sont généralement ferrugineux et leur coloration s'étend parfois aux assises sous-jacentes : on peut en voir des exemples au Mont-Noir, au Mont-des-Chats, à Uccle et à Grœnendal. En bien des cas, cette particularité peut rendre difficile la délimitation à établir entre les couches de cette assise et les terrains en contact , quand ces derniers sont aussi dépourvus de fossiles.

A Renaix , les sables de Diest sont surtout bien représentés au Mont de la Musique ; nous y avons recueilli un échantillon de grès percé de trous de pholades , dans lesquels s'est fixé du gravier postérieurement à l'époque où la roche avait été perforée.

A Grammont cette assise a encore laissé une faible trace ; mais on ne la retrouve plus sur les hauteurs de Bruxelles.

Elle reparaît à Louvain et acquiert surtout un grand développement aux environs de Diest où elle constitue, à elle seule, une série de petites collines que traverse la voie ferrée de Diest à Louvain.

Nous avons dit plus haut que chez nous l'on n'y a pas encore trouvé de fossiles ; en Belgique , on y a recueilli dans les environs de Louvain la *Terebratula grandis* , et au Bolderberg elle présente, dans un gravier fossilifère , un certain nombre de types qui la relient nettement aux sables noirs d'Anvers.

NOTE

SUR QUELQUES DÉBRIS DE TORTUES FOSSILES.

Au mont des Récollets (chap. III. p. 64), nous avons indiqué dans l'éocène moyen la présence de débris osseux de tortues marines ; nous allons entrer à leur égard dans quelques détails.

Les Cheloniens fossiles n'avaient pas encore été signalés dans le terrain tertiaire du département; les restes que nous y avons recueillis jusqu'à présent consistent en fragments de carapace ayant appartenu , selon toute apparence , à plusieurs individus : ils sont encore trop incomplets pour que l'on puisse en tirer quelque déduction au point de vue de l'espèce, mais on y trouve , du moins , des caractères suffisants pour les rattacher au genre *Chelonia* (Brong.).

La planche qui suit reproduit un certain nombre des pièces dont nous venons de parler.

Celle qui porte le N°4 est une pièce marginale , la première , placée du côté gauche à la partie antérieure de la carapace. On en voit une semblable dans un fragment de la *Chelonia Hoffmanni* , figuré dans Cuvier. (*Ossem. foss.*, v. pl. XIV, fig. 2).

La surface supérieure de l'os (fig. 4 a) , un peu convexe , est unie ; la surface interne, de forme concave , présente quelques stries à peu près parallèles au contour du bord extérieur, et de tout petits creux , points d'attache des muscles. L'épaisseur de la pièce diminue graduellement à partir du bord extérieur, où elle est de 8ᵐᵐ, vers sa partie la plus aiguë où elle se réduit à 3ᵐᵐ. Les deux autres côtés portent des traces bien visibles de la suture dentelée qui unissait la plaque à ses deux voisines : la nuchale et la deuxième marginale.

Cette pièce, entière et en bon état, est, parmi celles que nous présentons, la plus utile pour la détermination du genre. Citons, à cet égard , l'opinion exprimée par M. Preudhomme de Borre , zoologiste habile , à qui nous l'avons communiquée , ainsi que les trois suivantes , et qui est venu très-obligeamment en aide à nos recherches :

« Elle appartient positivement à une *Chelonia* du sous-genre des *Caouanes* ou de celui des *Carets*, car les tortues franches (*Chelonia* proprement dites), ont une première marginale très-allongée et correspondant aux deux premières pièces du limbe des deux autres sous-genres. »

Il ne pouvait être question , à propos de l'assimilation de cette partie de la carapace , que de ses rapports avec celle des Emydes fossiles qui se rapprochent parfois des tortues marines par quelques détails ; mais les Emydes n'ont point de nuchale ou du moins une très-petite et leur bouclier dorsal est sans lacune latérale , ce qui donne à leur première pièce marginale une forme différente de celle qui est ici représentée..

M. de Borre a encore tiré de la forme particulière de cette pièce d'autres conclusions intéressantes : « elle indique , ajoute-t-il , que l'individu dont elle faisait partie avait atteint l'âge adulte, car elle est trapézoïdale dans le jeune âge et se rapproche de la forme trangulaire à mesure que l'animal vieillit. » Or la base postérieure du trapèze (T, fig. 4 a) est ici fortement rétrécie et la tortue, vu le peu de développement de l'os « était de petite taille relativement à nos espèces vivantes et crétacées : de 40 à 50° tout au plus. »

Le fragment figuré sous le N° 2 est l'extrémité d'une pièce costale de la série de droite, prise du côté où elle vient se souder aux pièces dorsales ou vertébrales.

Sa partie externe (2 a) offre une surface plane avec trace (C D) d'écaille ou écusson vertébral. La face opposée (2 b), progressivement renflée vers le centre, y présente en saillie la naissance de la partie détachée de la côte qui vient s'appuyer au point de jonction des vertèbres dorsales.

La petite saillie anguleuse du bord postérieur (K , fig. 2 b), toujours tournée vers la queue, justifie l'attribution de cette pièce à la partie droite de la carapace. Cette pointe constitue encore, en faveur du genre *Chelonia*, un caractère utile à noter, mais moins décisif que celui indiqué dans l'os précédent ; car, bien qu'elle fasse défaut chez les Emydes vivantes, on en trouve une faible trace dans l'*Emys Camperi*.

Les bords supérieurs et inférieurs sont particulièrement dentelés sur les lignes de suture.

Les fragments 3 et 4 appartiennent aussi à des pièces costales , soit à la même que le N° 2, soit à d'autres. Vers leur centre s'accuse (fig. 3 b, 4 b) le renflement ordinaire que présentent ces pièces dans toute leur longueur.

Les débris dont on vient de s'occuper ne sont pas roulés ; ils ont été recueillis à peu de distance les uns des autres ; leur aspect est le même , et il est très-probable qu'ils ont appartenu au même individu ; il en est différemment pour ceux qui suivent.

Le N° 5 a été trouvé isolément ; c'est encore une pièce costale analogue à l'échantillon N° 2, mais de plus grande dimension et plus épais. Peut-être appartenait-il aussi au côté droit? Les lignes de fracture de sa base, irrégulières et sans indice bien net des points de suture , laissent quelques doutes à cet égard ; la figure 5 c en donne le profil. La surface supérieure (fig. 5 a) laisse voir dans les lignes c, d, e la trace de deux écussons vertébraux.

La couleur de l'os est fauve comme celle des précédents , mais d'une nuance beaucoup plus foncée ; il a , selon toute apparence , appartenu à un sujet différent du premier et de taille un peu plus grande.

Les figures 6 et 7 se rapportent à des pièces marginales provenant d'un troisième individu. La dernière, en mauvais état, est attribuée au côté droit ; l'autre, mieux conservée, à la partie opposée de la carapace.

Ces deux fragments sont assez épais, et le N° 6, à moins qu'il n'appartienne à la pièce tout à fait inférieure de la série marginale , celle qui protége la queue, semble accuser également, dans l'ossature, de plus fortes dimensions que les quatre premières pièces produites ci-dessus.

Comme on le voit , ces restes sont encore trop peu importants pour que l'on puisse les rapprocher utilement des espèces déjà connues et en compléter la classification ; mais leur attribution à des tortues de mer nous semble justifiée.

La famille des Thalassites , si bien représentée dans l'éocène d'Angleterre (argile de Londres–*Scheppy*), a laissé des traces dans le calcaire grossier des environs de Paris (à Cuise-la-Motte , M. Pomel , Genève), et dans les terrains équivalents de Belgique , où nous avons déjà cité les trouvailles récemment décrites par M. de Borre[1] ; la présence de vestiges de même nature dans les sables de Cassel forme un trait d'union de plus entre toutes ces formations.

Si l'on restreint la comparaison au gisement de Cassel et à ceux des environs de Bruxelles, on remarque que les dernières localités ont fourni, avec les *Chelonia* , des Emydes et des Trionyx (*Emys Camperi* , *Trionyx Bruxelliensis*) , c'est-à-dire un mélange de tortues de mer et de tortues d'eau douce, assez fréquent dans la distribution géologique de ces fossiles ; le même fait ne s'est pas encore produit à Cassel.

Quant à la zone précise où se rencontrent les *Chelonia* dans les deux pays, M. de Borre semble indiquer, en Belgique , la petite couche de sable graveleux qui forme la base de notre sous-assise laekenienne, et nous pensons qu'une partie de nos échantillons, les N°ˢ 5 à 7, sinon la totalité, proviennent du niveau tout à fait correspondant, où l'on trouve en

[1] Notice sur des débris de Chéloniens faisant partie des collections du Musée royal d'histoire naturelle et provenant des terrains tertiaires des environs de Bruxelles (Extrait du *Bulletin*, 2ᵉ série, t. 27, n° 5, *de l'Académie royale de Belgique*).

mélange, avec les types laekeniens, un grand nombre de coquilles bruxelliennes remaniées.

Nous avons fait, du reste, quelques réserves (page 64) à ce sujet, lorsqu'il a été question du gisement d'une partie de ces débris dans les sables blancs; ils proviendraient, en tout cas, de l'assise bruxellienne remaniée ou non.

Pour ce qui est de la taille des *Chelonia* de Cassel, nous ne pouvons, en ce qui concerne les pièces 1 à 4, que nous en rapporter aux appréciations déjà citées de M. de Borre. Cet auteur trouve nos types, comme ceux de son pays, assez voisins à cet égard des petites espèces décrites par M. Owen pour le *London Clay*. Cependant les fragments 5 à 7, par leur dimension et leur épaisseur, semblent accuser des formes déjà plus grandes. Nous espérons que de nouvelles recherches nous permettront de compléter ces premières indications.

EXPLICATION DE LA PLANCHE.

Figure 1. Première pièce marginale gauche de la carapace;
    a, face externe; — *b*, face interne.

Figure 2. Extrémité d'une pièce costale (partie voisine des vertèbres).
    b, face interne, avec un fragment de la côte en saillie;
    a, face externe, portant une trace d'écusson vertébral, c. D.

Figure 3. Fragment d'une pièce costale;
    a, face interne; — *b*, profil donnant l'épaisseur de l'os.

Figure 4. Fragment de pièce costale;
    a, vu en-dessous; — *b*, vu de profil.

Figure 5. Extrémité d'une pièce costale analogue à celle représentée
    figure 2;
    a, face externe avec trace d'écussons vertébraux : *c d e*.
    b, face opposée;
    c, profil pris du côté de la saillie de la côte.

Figure 6. Fragment d'une pièce marginale gauche, côté externe·

Figure 7. Fragment d'une pièce marginale droite, côté externe.

NOTA. Toutes ces pièces proviennent de la carapace; elles sont reproduites avec leur grandeur naturelle.

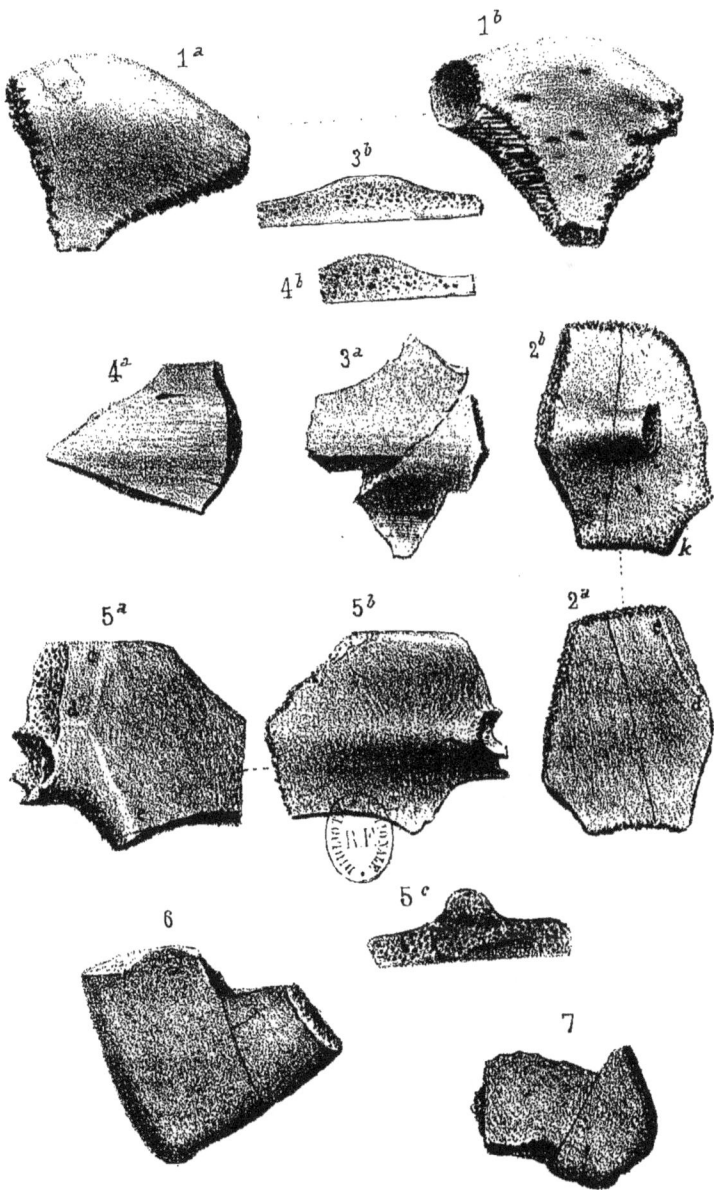

DÉBRIS DE CHÉLONIA
Provenant des Sables de Cassel
(Grandeur naturelle.)

TABLE DES MATIÈRES.

CHAPITRE IV.
MONT DES CHATS.

Coup-d'œil sur la chaîne de collines qui s'étend de Bailleul à Ypres, 112 ; — Mont-des-Chats, 112 ; — trajet par Berthen : observations que l'on peut y effectuer, 113 ; — petit chemin coupant en tranchée la partie occidentale du mont, 113 ; — assise de la glauconie du mont Panisel, 114 ; — assises laekeniennes et bruxelliennes, 114; — indications recueillies sur le versant S.-E., 115 ; — coupe relevée en avant de l'auberge voisine du Couvent , 117 ; roches fossilifères diverses dans le diluvium , 118 ; — sommet du plateau , 118 ; — développement de l'assise des sables de Diest à ce niveau , 119 ; — les Quatre-Chemins : sables miocènes , 120; Descente vers Godewaersvelde , 121 ; — affleurement de l'argile des Flandres , 121 ; — résumé, 122 ; — opinion de M. Meugy sur l'absence des sables coquillers de Cassel, 122.

CHAPITRE V.
MONT DE BOESCHEPE.

Sa situation, 123 ; — observations effectuées dans le chemin qui part de Berthen , 124 ; — couche fossilifère indiquée dans cette tranchée par M. Meugy, 125 ; — opinion émise par M. Lyell au sujet de la même couche, 125 ; — carrière Vermesch, 126 ; — zones laekeniennes supérieures de Cassel, 126; — zone à *Lenita patelloides,* 127 ; — exploitation des sables glauconieux inférieurs , 127 ; — indications recueillies dans le chemin qui traverse le mont du N.-E. au S.-O., 129 ; — développement de l'assise des sables de Diest au sommet du mont, 129 ; — résumé sur la structure du mont, 131.

15

Lille-Imp.L.Danel.

BASSIN ANGLO-BELGE

Amsterdam

La Haye

Londres

Ostende

Douvres

Dunkerque

Gand   *Anvers*

Ile de Wight

Hazebrouck
Lille

Bruxelles

Cologne

Dreux   *Mons*

Malmedy

Amiens

Givet

Rouen

Laon

BASSIN PARISIEN

Luxembourg

Paris

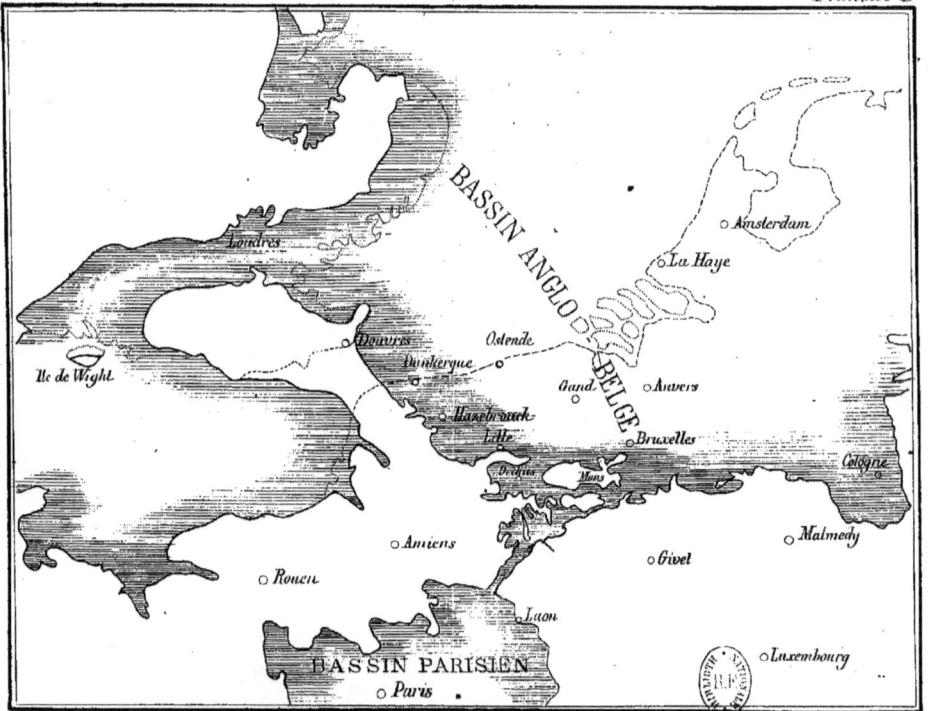

CARTE DU NORD DE LA FRANCE & DES CONTRÉES VOISINES au commencement de l'époque tertiaire.
Les lignes pointillées indiquent le rivage actuel

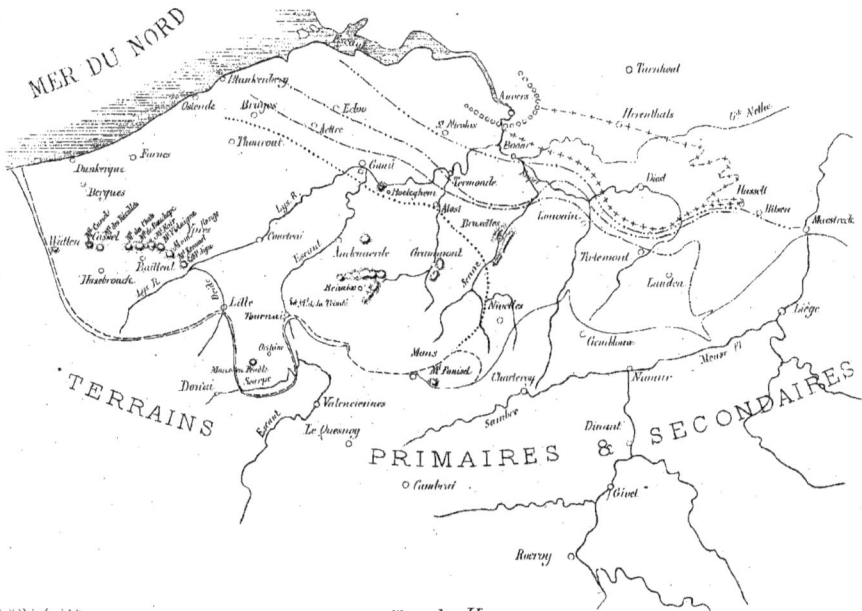

MER DU NORD

TERRAINS

PRIMAIRES & SECONDAIRES

Planche II

CARTE GÉNÉRALE DE LA RÉGION FRANCO-BELGE
faisant l'objet de ce mémoire

Limites des terrains primaires et secondaires
d.º Sud-Ouest de l'Argile des Flandres
d.º du terrain Éocène moyen
d.º d.º Éocène inf.º (Ypréniens)
d.º des Sables du Bolderberg

Limite de l'Argile de Boom
d.º des Sables de Diest
d.º du Crag d'Anvers
d.º des Sables de la Campine

Lith. Boldeau f.ª à Lille

COLLINE DE MONS-EN-PÉVÈLE

et ses environs

Échelle de $\frac{1}{80.000}$

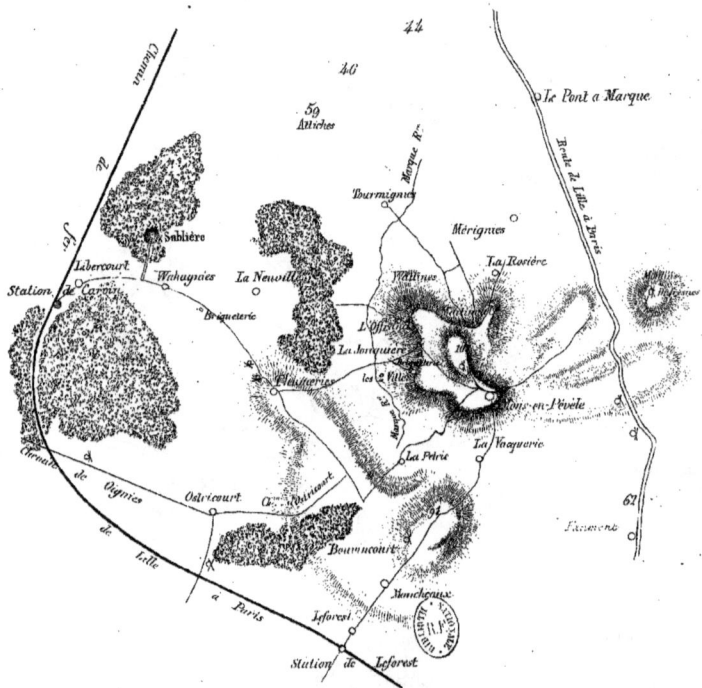

Lith. Deléduc Fr.. Lille

La Gourdinerie
ou Gourdinière.

Source

Fre de Languis

Bois du long Pré

Mont

Trinité

Fe de Châtelet

Ge à Mr De la Cour

La Folie

Rouge Part

Tertres des Charmes

La Maisonnette

Le Petit Charme

Ge
Mon Tribaut

O Kain

.PLAN DU MONT DE LA TRINITÉ
et de ses environs

au $\dfrac{1}{40\,000}$

A   Ravin de la ferme du Châtelet
B   d°   derrière le petit couvent

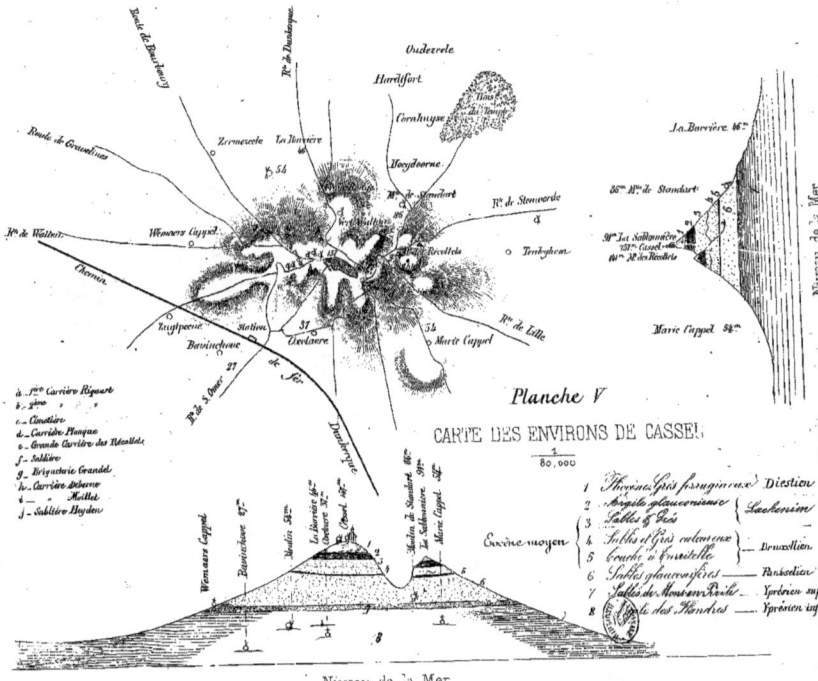

Planche V

CARTE DES ENVIRONS DE CASSEL

$\frac{1}{80,000}$

Niveau de la Mer

L'Abeele

Rᵗᵉ de Steenvoorde à Poperinghe

Chⁿ du Bra[...]   Kriringhelst

B   E   L

30

40

42

68

Godewaersvelde   Westmfer   Gᵗᵉ d'Ypres

31

137   Rᵗᵉ Augu.

53

Mandeol
Sniqmacle   Billm   Berthem   Château
57 à Back Houck   Rammel
Le Moul de Cab[...]   Berghouck   68   G
75

52   31   Dranôutre

St Jeans Cappel

Flâre   18
55
Route   de   Dunkerque   à   Lille   b 46

Route de Cassel   L'Argile   51   40   Moteren   Bailleul   Le Ravalsberg   77

Strancele   4 40   Mont de Lille   18 d   U

4   27   Station   Le Iritha.   Planche VI

Station   Chemin   de   fer   de   Dunkerque   à   Lille   PLAN DE LA CHAINE DE COLLINES

des Environs de Bailleul

au $\frac{1}{80\,000}$

COUPE DE CASSEL A BRUXELLES

COUPE DE MONS-EN-PÉVÈLE A BRUXELLES

LÉGENDE

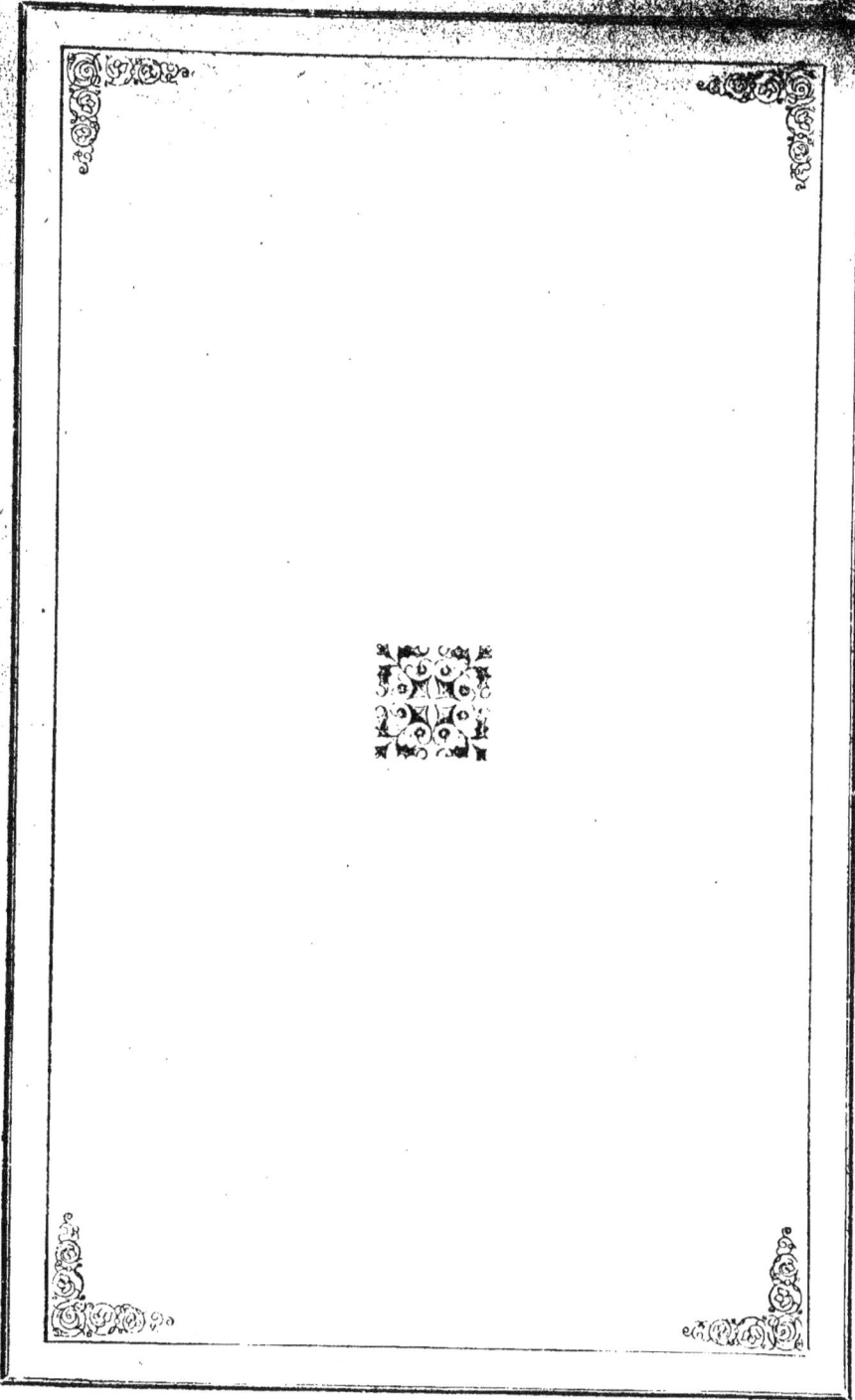

www.ingramcontent.com/pod-product-compliance
Lightning Source LLC
Chambersburg PA
CBHW071636200326
41519CB00012BA/2315